从 零 开始

2020
Premiere Pro
中文版 基础教程

布克科技 段睿光 朱渤 陆平 ◉编著

人民邮电出版社
北京

图书在版编目（CIP）数据

从零开始：Premiere Pro 2020中文版基础教程 / 布克科技等编著. -- 北京：人民邮电出版社，2022.7
ISBN 978-7-115-58131-0

Ⅰ. ①从… Ⅱ. ①布… Ⅲ. ①视频编辑软件 Ⅳ. ①TN94

中国版本图书馆CIP数据核字(2022)第024122号

内 容 提 要

本书结合实例讲解 Adobe Premiere Pro 2020 实用知识，重点培养读者的 Premiere Pro 剪辑技能，提高读者解决实际问题的能力。

全书共 13 章，主要内容包括非线性数字视频编辑，Premiere Pro 2020 快速入门，素材的采集、导入和管理，序列的创建与编辑，添加视频过渡，高级编辑技巧，音频素材的编辑处理，图形文本编辑，运动效果，视频合成编辑，使用视频效果，视频编辑增强，以及导出影片等。

本书可供各类影视后期制作培训班作为教材使用，也可供相关技术人员及高校的学生自学参考。

◆ 编　著　布克科技　段睿光　朱渤　陆平
　　责任编辑　李永涛
　　责任印制　胡　南

◆ 人民邮电出版社出版发行　　北京市丰台区成寿寺路 11 号
　　邮编 100164　电子邮件 315@ptpress.com.cn
　　网址 https://www.ptpress.com.cn
　　固安县铭成印刷有限公司印刷

◆ 开本：787×1092　1/16
　　印张：16.25　　　　　　　　2022 年 7 月第 1 版
　　字数：416 千字　　　　　　 2022 年 7 月河北第 1 次印刷

定价：59.90 元

读者服务热线：(010)81055410　印装质量热线：(010)81055316
反盗版热线：(010)81055315
广告经营许可证：京东市监广登字 20170147 号

Premiere Pro 2020 是由Adobe公司开发的一款常用的视频编辑软件，是视频编辑爱好者和专业人士必不可少的视频编辑工具。Premiere Pro 2020 编辑画面质量比较好，有较好的兼容性，且可以与 Adobe 公司推出的其他软件相互协作。目前，这款软件广泛应用于广告制作和电视节目制作。

内容和特点

本书突出实用性，注重培养读者的实践能力，具有以下特色。

(1) 在充分考虑 Premiere Pro 2020 功能及特点的基础上，作者按类似课堂教学的方式组织本书内容。书中既介绍了非线性数字视频编辑的基础理论知识，又提供了非常丰富的 Premiere Pro 2020 视频编辑案例，读者可以边学边练。

(2) 在内容的组织上突出了易懂、实用的原则，精心选取 Premiere Pro 2020 的一些常用功能及与非线性数字视频编辑密切相关的知识。

(3) 以视频编辑实例贯穿全书，将理论知识融入大量的实例，使读者在实际剪辑过程中能轻而易举地掌握理论知识，提高非线性数字视频编辑技能。

(4) 本书专门安排两章内容介绍了非线性数字视频编辑的理论基础和 Premiere Pro 2020 快速入门的方法。通过这部分内容的学习，读者可以了解用 Premiere Pro 2020 进行非线性数字视频编辑的特点，并掌握一些实用的视频剪辑技巧，从而提高解决实际问题的能力。

本书作者长期从事 Premiere Pro 的应用、开发及教学工作，并且一直在跟踪非线性数字视频编辑技术的发展，对 Premiere Pro 2020 软件的功能、特点及其应用有较深入的理解和体会。作者对该书的结构体系做了精心安排，力求系统、全面、清晰地介绍用 Premiere Pro 2020 进行非线性数字视频编辑的方法与技巧。

全书分为 13 章，主要内容如下。

- 第 1 章：介绍非线性数字视频编辑的基础知识。
- 第 2 章：介绍 Premiere Pro 2020 的基本操作方法。
- 第 3 章：介绍素材采集、导入和管理的方法。
- 第 4 章：介绍序列的创建与编辑方法及技巧。
- 第 5 章：介绍视频过渡的添加方法及使用技巧。
- 第 6 章：介绍 Premiere Pro 2020 的高级编辑技巧。
- 第 7 章：介绍音频素材的编辑方法及技巧。
- 第 8 章：通过实例说明图形文本编辑的方法和技巧。
- 第 9 章：通过实例说明运动效果的添加方法和使用技巧。
- 第 10 章：通过实例介绍视频合成编辑的方法和技巧。
- 第 11 章：通过实例说明视频效果的添加方法和使用技巧。
- 第 12 章：介绍视频编辑增强的方法和技巧。

- 第 13 章：介绍导出影片的方法。

读者对象

本书将 Premiere Pro 2020 的基本操作与典型非线性数字视频编辑实例相结合，条理清晰、讲解透彻、易于掌握，可供各类影视后期制作培训班作为教材使用，也可供广大工程技术人员及高校学生自学参考。

配套资源内容及用法

本书配套资源有以下几部分。

1. 项目文件

本书所有练习用到的及典型实例完成后的项目文件都收录在配套资源的"Premiere Pro 2020 项目文件"文件夹下，读者可以调用和参考这些文件。

2. 素材文件

本书典型实例的编辑过程中所涉及的视频及图像文件素材都收录在配套资源的"素材"文件夹下。

3. PPT 文件

本书提供了 PPT 文件，以供教师上课使用。

4. 视频

本书提供了项目操作的视频文件，演示了实例操作的过程、参数的设置等完整步骤。

5. 习题答案

本书提供了课后理论部分的习题参考答案，以供教师上课和学生自学时使用。

感谢您选择了本书，也欢迎您把对本书的意见和建议告诉我们，电子邮箱 liyongtao@ptpress.com.cn。

布克科技

2022 年 2 月

目　录

第1章 非线性数字视频编辑

非线性数字视频编辑广泛地应用于影视、电视广告、MTV、节目包装及多媒体开发等领域。随着计算机多媒体技术的成熟，数字视频的普及程度越来越高，个人计算机已经满足独立进行数字视频编辑的硬件需求，非线性编辑以其独特的优势出现在影视制作领域，影视制作不再仅限于专业影视领域，有越来越多的人选择用数字视频来进行个人的影像表达。

【学习目标】

- 了解数字视频基础知识。
- 认识非线性数字视频编辑系统。
- 了解视频编辑的基础理论。
- 了解视频编辑的基本原则。

1.1 数字视频基础知识

一、数字视频的基本概念

数字视频（Digital Video）包括运动图像（Visual）和伴音（Audio）两部分。

一般来说，视频（Video）包括可视的图像和可听的声音，然而由于伴音处于辅助的地位，并且在技术上视像和伴音是同步合成在一起的，因此在具体讨论时，有时把视频与视像（Visual）等同，而声音或伴音则总是用 Audio 表示。在用到"视频"这个概念时，它是否包含伴音要视具体情况而定。

二、数字视频分辨率规范

目前，数字视频行业里的数字视频分辨率的规范分为标情、高清、超高清 3 种。

(1) 标清：物理分辨率在 720p 以下的一种视频格式，英文缩略为 SD。720p 是指视频的垂直分辨率为 720 线逐行扫描，具体是指分辨率在 400 线左右的 VCD、DVD、电视节目等"标清"视频格式，即标准清晰度。

(2) 高清：物理分辨率达到 720p 以上的视频格式，英文缩略为 HD。关于高清的标准，国际上公认的有两条：视频垂直分辨率超过 720p 或 1080i，视频宽纵比为 16:9。

(3) 超高清：国际电信联盟（ITU）最新批准的信息显示，"4K 分辨率（3840 像素×2160 像素）"的正式名称被定为"超高清 UHD（Ultra High-Definition）"。超高清源容量是巨大的，18 分钟的未压缩视频达 3.5TB。同时，这个名称也适用于"8K 分辨率（7680 像素×4320 像素）""12K 分辨率（11520 像素×6480 像素）""16K 分辨率（15360 像素×8640 像素）"。按照国际电信联盟发布的"超高清 UHD"标准的建议，将屏幕的物理分辨率达到 7680 像素×4320 像素（8K）及以上的显示称为超高清，是普通 Full HD（1920 像素×1080 像素）宽高的各 4 倍，面积的 16 倍。

标清、高清、超高清对比如图1-1 所示。

三、电视制式

世界上使用的电视广播制式主要有 PAL 制、NTSC 制和 SECAM 制 3 种。德国、中国主要使用 PAL 制式，韩国、日本、东南亚部分国家及美国主要使用 NTSC 制式，俄罗斯、法国主要使用 SECAM 制式。因为不同的制式之间互不兼容，所以我国在利用 DV 机器拍摄视频时，应选用 DV-PAL 进行编辑。

图1-1　标清、高清、超高清对比

四、帧速率

数字视频是利用人眼的视觉暂留特性产生运动影像，对于每秒钟显示的图片数量称为帧速率，单位用"帧/秒（fps）"表示。

日常的影视创作中常用以下几种帧速率。

（1）24fps（适用于电影拍摄）：20 世纪 20 年代末的电影公司以 24 帧作为行业标准，以这个标准拍摄电影不仅成本能达到最低，还能带来不错的观影体验。现在大多数电影基本按这个标准进行拍摄，较低的帧率能捕捉到更多的运动模糊，让动作显得更为真实和流畅。当然，为了追求更为极致的视觉体验，有些电影也选择了更高的帧速率，如《霍比特人》《阿凡达》采用 48fps 拍摄、48fps 放映，《比利·林恩的中场战事》采用 120fps 拍摄、120fps 放映。

（2）25/30fps（适用于电视拍摄）：美国电视的制式一直是 30fps，广播电视实际是 29.97fps。选择 30fps 是为了与美国电力标准 60Hz 同步，这个格式常被叫作 NTFS。在欧洲，这个制式是 25fps，因为欧洲电力标准是 60Hz，这种制式叫 PAL。网络视频一般是 30fps 或 60fps。

（3）50/60fps（适用于运动类动作拍摄）：50fps 和 60fps 非常适合运用在快速动作的拍摄中。拍摄完成之后还可以通过后期制作进行帧速率转换，让较高的帧速率慢慢降低到 30fps 后变成一个慢动作视频。

（4）120/240fps（适用于慢动作）：超高的帧率能够让慢动作镜头产生极端的效果，根据摄影机参数设置的上限可以拍摄 120fps 或 240fps 的慢动作。

五、场与场序

在将光信号转换为电信号的扫描过程中，扫描总是从图像的左上角开始，水平向前行进，同时扫描点也以较慢的速率向下移动。当扫描点到达图像右侧边缘时，扫描点快速返回左侧，重新开始在第 1 行的起点下面进行第 2 行扫描，行与行之间的返回过程称为水平消隐。一幅完整的图像扫描信号由水平消隐间隔分开的行信号序列构成，称为一帧。扫描点扫描完一帧后，要从图像的右下角返回到图像的左下角，开始新一帧的扫描，这一时间间隔叫作垂直消隐。PAL 制信号采用每帧 625 行扫描，NTSC 制信号采用每帧 525 行扫描。

大部分的广播视频采用两个交换显示的垂直扫描场构成每一帧画面，这叫作交错扫描场。交错视频的帧由两个场构成，其中一个扫描帧的全部奇数场，称为奇场或上场；另一个扫描帧的全部偶数场，称为偶场或下场。场以水平分隔线的方式隔行保存帧的内容，在显示时首先显示第 1 个场的交错间隔内容，然后再显示第 2 个场来填充第 1 个场留下的缝隙。计算机操作系统是以非交错形式显示视频的，它的每一帧画面由一个垂直扫描场完成。电影胶片类似于非交错视频，它每次是显示整个帧的，一次扫描完一个完整的画面，如图 1-2 所示。

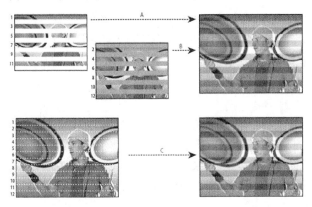

A.对于隔行扫描视频，首先整个高场（奇数行）按从上到下的顺序在屏幕上绘制一遍。

B.接下来，整个低场（偶数行）按从上到下的顺序在屏幕上绘制一遍。

C.对于非隔行扫描视频，整个帧（计数顺序中的所有行）按从上到下的顺序在屏幕上绘制一遍。

图1-2　隔行扫描与逐行扫描对比

解决交错视频场的最佳方案是分离场。合成编辑可以将上传到计算机的视频素材进行场分离。先通过从每个场产生一个完整帧再分离视频场，并保存原始素材中的全部数据。在对素材进行如变速、缩放、旋转及效果等加工时，场分离是极为重要的。若未对素材进行场分离，则画面中会有严重的抖动、毛刺效果。

由于场的存在，出现了场序的问题，就是显示一帧时先显示哪一场。这并没有一个固定的标准，不同的系统可能有不同的设置。比如 DV 视频采用的是下场优先，而像 Matrox 公司的 DigiSuite 套卡采用的则是上场优先。影片渲染输出时，场序设置不对，就会产生图像的抖动，后期制作时可以进行场序调整。

六、脱机与联机

脱机（Off-line）编辑也称为离线编辑，是指采用较大压缩比（如 100:1）将素材采集到计算机中，按照脚本要求进行编辑操作，完成编辑后输出 EDL 表（编辑决策表）。EDL 表记录了视音频编辑的完整信息。联机（On-line）编辑也称为在线编辑，指先将 EDL 表文件输入到编辑控制器内，控制广播级录像机以较小压缩比（如 2:1）按照 EDL 表自动进行广播级成品带的编辑，最终输出为高质量的成品带。在实际制作中，常常将脱机与联机相互配合，利用脱机编辑得到 EDL 表，进而指导联机编辑，这样可以大大缩短工作时间，提高工作效率。

非线性编辑系统中有以下 3 种脱机编辑的方法。

（1）先以较低的分辨率和较高的压缩比录制尽可能多的原始素材，使用这些素材编好节目后将 EDL 表输出，在高档磁带编辑系统中进行合成。

（2）根据粗编得到的 EDL 表，重新以全分辨率和小压缩比对节目中实际使用的素材进行数字化，然后让系统自动制作成片。

（3）在输入素材的阶段首先以最高质量进行录制，然后在系统内部以低分辨率和高压缩比复制所有素材，复制的素材占用存储空间较小，处理速度也比较快，在它的基础上进行编辑可以缩短特技的处理时间。粗编完成后，用高质量的素材替换对应的低质量素材，然后再对节目进行正式合成。

七、时间代码

为确定视频素材的长度，以及每一帧的时间位置，以便在播放和编辑时对其进行精确控制，需要用时间代码给每一帧编号，国际标准称为 SMPTE 时间代码，一般简称为时码。SMPTE 时码的表示方法为小时（h）:分钟（m）:秒（s）:帧（f）。例如，一段长度为 "00:03:20:15" 的视频片段的播放时间为 3 分钟 20 秒 15 帧。

八、信号格式

摄像机拍摄图像时，通过扫描最初形成 R、G、B 这 3 个信号，然后将其转换为亮度信号和色度信号。亮度信号 Y 是控制图像亮度的单色视频信号，而色度信号只包含图像的彩色信息，并分为两个色差信号 B-Y 与 R-Y。由于人眼对图像中的色度细节分辨力低而对亮度细节分辨力高，因此对两个色差信号的频带宽度又进行了压缩处理，对于 PAL 制来讲，压缩后的色差信号用 U、V 表示。

YUV 信号称为分量信号（Component）格式，也称为 YUV 颜色模式，是目前视频记录存储的主流方式。两个色差信号可以进一步合成一个色度信号 C，进而形成了 Y/C 分离信号格式。亮度信号 Y 和色度信号 C 又可进一步形成一个信号，称为复合信号（Composite），也就是人们常说的彩色全电视信号。对同一信号源来讲，YUV 信号质量最好，然后依次降低。Premiere 的内部运算支持 YUV 颜色模式，能够确保影片质量。

九、帧长宽比

帧长宽比是指帧的长度和宽度的比例。普通电视系统的长宽比是 4:3，而宽屏电视系统是 16:9。前者被目前标准清晰度电视所采用，后者被正在发展的高清电视所采用。

十、像素长宽比

像素长宽比是指像素的长度和宽度的比例。符合 ITUR-601 标准的 PAL 制视频，一帧图像由 720×576 个像素组成，采用的是矩形像素，像素长宽比为 1.067。而人们接触到的大部分图像素材采用的是方形像素，像素长宽比为 1。如果一帧像素是方形的图像，由以矩形像素为标准的系统处理显示，就会出现变形，反之也是一样。如图 1-3 所示，左侧是一帧像素长宽比为 1 的图像，右侧是以矩形像素显示后的变形图像。目前，在比较专业的涉及视频制作的软件中，像素长宽比都是可以调整的，以适应不同的需要，如 3ds Max、Premiere 等。

图1-3　对比显示

十一、颜色模式

颜色模式可以理解为翻译颜色的方法，视频领域经常用到的是 RGB 颜色模式、Lab 颜色模式、HSB 颜色模式和 YUV 颜色模式。

科学研究发现，自然界中所有的颜色都可以由红（R）、绿（G）、蓝（B）这 3 种颜色的不同强度组合而成，这就是人们常说的三基色原理。因此，R、G、B 三色也被称为三基色或三原色。把这 3 种颜色叠加到一起，将会得到更加明亮的颜色，所以 RGB 颜色模式也称为加色原理。对于电视机、计算机显示器等自发光物体的颜色描述，都采用 RGB 颜色模式。3 种基色两两重叠，就产生了青、洋红、黄 3 种次混合色，同时也引出了互补色的概念。基色和次混合色是彼此的互补色，即彼此之间是最不一样的颜色。例如，青色由蓝、绿两色混合构成，而红色是缺少的一种颜色，因此青色与红色构成了彼此的互补色。互补色放在一起，对比明显醒目。掌握这一点，对于艺术创作中利用颜色来突出主体特别有用。

(1) Lab 颜色模式是由 RGB 三基色转换而来的，它是 RGB 模式转换为 HSB 模式的桥梁。该颜色模式由一个发光率（Luminance）和两个颜色（a、b）组成。它用颜色轴构成平面上的环形线来表示颜色的变化，其中径向表示色饱和度的变化，饱和度自内向外逐渐增高；圆周方向表示色调的变化，每个圆周形成一个色环。不同的发光率表示不同的亮度，并对应不同的环形颜色变化线。它是一种具有"独立于设备"的颜色模式，即不论使用哪种显示器或打印机，Lab 的颜色不变。

(2) HSB 颜色模式基于人对颜色的心理感受而形成，它将颜色看成 3 个要素：色调（Hue）、饱和度（Saturation）和亮度（Brightness）。因此，这种颜色模式比较符合人的主观感受，可以让使用者觉得更加直观。它可由底与底对接的两个圆锥体立体模型来表示，其中轴向表示亮度，自上而下由白变黑；径向表示颜色饱和度，自内向外逐渐变高；而圆周方向则表示色调的变化，形成色环。

(3) YUV 颜色模式由一个亮度信号 Y 和两个色差信号 U、V 组成，它由 RGB 颜色转换而成，前面已有所论述。

十二、颜色深度

视频数字化后，能否真实反映出原始图像的颜色是十分重要的。在计算机中，采用颜色深度这一概念来衡量处理色彩的能力。颜色深度指的是每个像素可显示出的颜色数，它和数字化过程中的量化数有着密切的关系。因此，颜色深度基本上用多少量化数，也就是多少位（bit）来表示。显然，量化比特数越高，每个像素可显示出的颜色数目就越多。8 位颜色就是 256 色；16 位颜色称为中（Thousands）彩色；24 位颜色称为真彩色，就是百万（Millions）色。另外，32 位颜色对应的是百万+（Millions+），实际上它仍是 24 位颜色深度，剩下的 8 位为每一个像素存储透明度信息，也叫 Alpha 通道。8 位的 Alpha 通道意味着每个像素均有 256 个透明度等级。

十三、常见的视频格式

常见的视频格式有 AVI、MPEG、MOV、RM 及 RMVB 等。

(1) AVI 格式。

AVI（Audio VideoInter leaved）格式即音频视频交错格式，这种视频格式的优点是图像质量好，可以跨多个平台使用；其缺点是体积过于庞大，而且压缩标准不统一。最普遍的就是高版本 Windows 媒体播放器播放不了采用早期编码编辑的 AVI 格式视频，而低版本 Windows 媒体播放器又播放不了采用最新编码编辑的 AVI 格式视频。

(2) MPEG 格式。

MPEG（Moving Picture Experts Group，动态图像专家组）格式主要有 MPEG-1、MPEG-2、MPEG-4、MPEG-7 及 MPEG-21。MPEG 是 ISO（International Standardization Organization，国际标准化组织）与 IEC（International Electrotechnical Commission，国际电

工委员会）于 1988 年成立的专门针对运动图像和语音压缩制定国际标准的组织。该专家组专门负责为 CD 建立视频和音频标准，其成员都是视频、音频及系统领域的技术专家。他们成功地将声音和影像的记录脱离了传统的模拟方式，建立了 ISO/IEC1172 压缩编码标准，并制定出 MPEG 格式，令视听传播方面进入了数码化时代。MPEG 标准的视频压缩编码技术主要利用具有运动补偿的帧间压缩编码技术以减小时间冗余度，利用 DCT 技术以减小图像的空间冗余度，利用熵编码则在信息表示方面减小了统计冗余度。这几种技术的综合运用大大增强了压缩性能。

（3）MOV 格式。

MOV 格式是由美国 Apple 公司开发的一种视频格式，默认的播放器是苹果的 QuickTime Player。它具有较高的压缩比率和较完美的视频清晰度，其最大的特点是跨平台性，即不仅能支持 Mac OS，同样也支持 Windows 系列。

（4）RM 格式。

RM 格式是 RealNetworks 公司开发的一种流媒体视频文件格式，可以根据网络数据传输的不同速率制定不同的压缩比率，从而实现低速率在 Internet 上进行视频文件的实时传送和播放。它主要包含 RealAudio、RealVideo 和 RealFlash 这 3 部分。这种格式的另一个特点是用户使用 RealPlayer 或 RealOne Player 播放器可以在不下载音频/视频内容的条件下实现在线播放。另外，RM 作为目前主流的网络视频格式，还可以通过其 RealServer 服务器将其他格式的视频转换成 RM 视频，并由 RealServer 服务器负责对外发布和播放。

（5）RMVB 格式。

RMVB 格式是一种由 RM 视频格式升级延伸出的新视频格式，它的先进之处在于打破了原先 RM 格式平均压缩采样的方式，在保证平均压缩比的基础上合理利用比特率资源。

一部大小为 700MB 左右的 DVD 影片，如果将其转录成具有同样视听品质的 RMVB 格式，其大小最多为 400MB。不仅如此，RMVB 视频格式还具有内置字幕和无须外挂插件支持等独特优点，可以使用 RealOne Player 2.0 或 RealPlayer 10.0 加 RealVideo 9.0 以上版本的解码器进行播放。

除此之外，还有 DV-AVI、FLV、ASF 及 WMV 等视频格式，不同的格式用在不同的软件环境中。

1.2　认识非线性数字视频编辑系统

非线性数字视频编辑的实现要靠软件与硬件的支持，这就构成了非线性数字视频编辑系统。从硬件上看，一个非线性数字视频编辑系统可由计算机、视频卡或 IEEE 1394 卡、声卡、高速 AV 硬盘、专用板卡（如特技加卡）及外围设备构成，如图 1-4 所示。

图1-4　非线性数字视频编辑系统

从软件上看，非线性数字视频编辑系统主要由非线性数字视频编辑软件、二维动画软件、三维动画软件、图像处理软件及音频处理软件等外围软件构成。

随着计算机硬件性能的提高，视频编辑处理对专用器件的依赖越来越小，软件的作用则更加突出，因此掌握像 Premiere Pro 之类的非线性数字视频编辑软件就成为关键。

1.2.1 非线性数字视频编辑系统的软硬件需求

非线性数字视频编辑系统可为媒体专业人士提供非凡的编辑体验，提供更大的创作自由，可以在 Windows 系统和 Mac OS 系统平台上运行。

下面介绍运行非线性数字视频编辑系统的最低硬件需求。

一、Windows 系统平台

- 处理器：Intel®第 6 代或更新款的 CPU，AMD Ryzen™ 1000 系列或更新款的 CPU。
- 操作系统：Microsoft Windows 10（64 位）版本 1803 或更高版本。
- RAM：安装 8GB RAM（16GB RAM，用于 HD 媒体；32GB RAM，用于 4K 媒体或更高分辨率）。
- GPU：2GB GPU VRAM。
- 硬盘空间：用于安装的 8GB 可用硬盘空间；安装过程中需要的其他可用空间（不能安装在移动闪存存储设备上）；预览文件和其他工作文件所需的其他磁盘空间（建议分配 10 GB）。
- 显示器分辨率：1280 像素×800 像素或更高。
- 声卡：与 ASIO 兼容或 Microsoft Windows Driver Model。
- 网络存储连接：1 吉比特以太网（仅 HD）。

二、Mac OS 系统平台

- 处理器：Intel®第 6 代或更新款的 CPU。
- 操作系统：Mac OS v10.14 或更高版本。

其他硬件需求同 Windows 系统平台。

因为制作影视作品或多媒体所需的视频素材的文件与一般文件不同，其数据量很大，所以硬盘空间越大越好，存取速度越快越好。

1.2.2 非线性数字视频编辑系统软件

非线性数字视频编辑软件是非线性数字视频编辑系统的灵魂，随着非线性数字视频编辑事业与计算机软件业的不断结合、发展，非线性数字视频编辑软件逐渐走向了成熟。各种新型非线性数字视频编辑系统不断涌现，种类也由单一化发展成多样化，其性能及特点也各有不同。专业的有大洋、索贝等广播级的非线性数字视频编辑软件，但这些软件价格普遍较高；也有一些价格低廉、实用、专业、功能强大的非线性数字视频编辑软件，如 Premiere、After Effects、EDIUS 等，它们可以和广播级软件相媲美。

一、基于非线性编辑板卡的系统

非线性编辑板卡的出现使个人计算机可以很方便地扩展为非线性编辑系统。Matrox 公司的 DigiSuite 系列非线性编辑板卡、Pinnacle 公司的 ReelTime 系列非线性编辑板卡是两款具有代表性的产品，国内许多非线性编辑系统由此类板卡开发而来。

二、基于工作站平台的系统

图形工作站的中央处理器处理能力较强，内存容量大且多采用磁盘阵列，并集成了很多具有特殊功能的硬件，可以实现全分辨率、非压缩视频的实时操作，并且能够快速实现大量三维特技。Discreet 公司的 Inferno、Flame、Flint 系列非线性编辑软件是运行在 SGI 工作站平台上的代表产品。

三、基于 PC 平台的系统

在个人计算机上安装非线性编辑软件，再配以 IEEE 1394 接口或 USB 2.0 接口作为数据输入、输出的通道，便可成为一套简单的非线性编辑系统。这类产品以 Intel、AMD 公司生产的 CPU 为核心，型号及配置多样化，性价比较高，兼容性好，发展速度快，是未来几年的主导型系统。

数码摄像机的普及也是 Premiere 受到欢迎的一个重要原因，因为在普通的计算机上能够很容易地利用 Premiere 处理数字视频，使之成为表达自己情怀、审视社会、挥洒想象的一种新手段。用 Premiere 处理数字视频需要满足以下两个基本条件。

- 计算机装有 IEEE 1394 卡，数字视频可以由此输入计算机，Sony 等视频设备厂商也称它为 i.Link，而创造了这一接口技术的 Apple 公司称之为 FireWire（火线）。
- 计算机有 DV Codec（编码解码器），DV Codec 使计算机能够识别处理 DV 视频。常用的 Windows 操作系统所带的 DirectX 中都提供了免费的 DV Codec，以使计算机能够识别处理数字视频。

目前的数码摄像机和录放机都带有 IEEE 1394 接口，通过 IEEE 1394 卡所带的连线就可以将数字信号无损上传到计算机中。由此可见，IEEE 1394 卡是 Premiere 处理数字视频的关键部件，它主要分为以下两种。

- 符合 OHCI（Open Host Connect Interface）标准的带有标准编码解码器的卡，价格不过几百块钱。符合 OHCI 标准的 IEEE 1394 卡，在 Windows 中作为标准设备加以支持。对于这种类型的卡，不同的品牌之间没有根本性的质量差异，因为 DV 录像带上记录的数字信号只是通过 IEEE 1394 卡复制到硬盘里，就像硬盘接口一样，只是数据传输而已，并不像视频卡那样，需要模数转换和压缩处理，因此就好像用不同品牌的硬盘存储文件，文件的内容不会有区别一样。如果没有产品制造质量问题，所有的 IEEE 1394 卡采集得到的视频内容是完全一样的。
- 一些带有硬件 DV 实时压缩功能的视频卡，像 Matrox 公司的 RT2500、Canopus 公司的 DVStorm 和 Pinnacle 公司的 Pro-ONE，对 DV 视频的处理均采用独有的硬件编码解码器，质量相对较高，能够对 DV 视频进行实时特技处理，提高编辑速度。另外，这些卡还配有模拟视频输入、输出接口，具有实时采集、输出模拟视频的能力。

对于个人用户来说，一般选择符合 OHCI（Open Host Connect Interface）标准的 IEEE 1394 卡即可。IEEE 1394 卡的物理安装很简单，与其他板卡的安装一样。物理安装完成并安装驱动程序后，在【设备管理器】窗口的"IEEE 1394 总线主控制器"下可以看到设备名称，如图1-5所示。

图1-5 【设备管理器】窗口

1.2.3 非线性编辑系统的优势

非线性编辑系统能集录像机、切换台、数字特技机、编辑机、多轨录音机、调音台、MIDI 创作及时基等设备于一身，几乎包括了所有的传统后期制作设备，这种高度的集成性使非线性编辑系统的优势更为明显，因此它能在广播电视界占据越来越重要的地位。概括地说，非线性编辑系统具有信号质量高、制作水平高、设备寿命长、便于升级及网络化等方面的优越性。

一、图像信号质量高

使用传统的录像带编辑节目，素材磁带要磨损多次，而机械磨损也是不可弥补的。另外，为了制作特技效果，还必须"翻版"，每"翻版"一次，就会造成一次信号损失。为了考虑质量，往往不得不忍痛割爱，放弃一些很好的艺术构思和处理手法，而在非线性编辑系统中，无论如何处理或编辑，这些缺陷是不存在的。当然，由于信号的压缩与解压缩编码，多少存在一些质量损失，但与"翻版"相比，损失大大减小。一般情况下，采集信号的质量损失小于转录损失的一半。由于系统只需要一次采集和一次输出，因此非线性编辑系统能保证得到相当于模拟视频第二版质量的节目带，而使用模拟编辑系统绝不可能有这么高的信号质量。

二、制作水平高

使用传统的编辑方法制作一个 10 分钟左右的节目，往往要反复进行审阅比较面对长达40～50 分钟的素材带，然后将所选择的镜头编辑组接，并进行必要的转场、特技处理，这其中包含大量的机械重复劳动，而在非线性编辑系统中，大量的素材都存储在硬盘上，可以随时调用，不必费时费力地逐帧寻找。素材的搜索极其容易，不用像传统的编辑机那样来回倒带。用鼠标拖动一个滑块，能在瞬间找到需要的那一帧画面，搜索、打点易如反掌，整个编辑过程就像文字处理一样，既灵活又方便。同时，多种多样、花样翻新、可自由组合的特技方式，使制作的节目丰富多彩，将制作水平提高到了一个新的层次。

三、设备寿命长

非线性编辑系统对传统设备的高度集成，将后期制作所需的设备降至最少，有效地节约了投资，而且由于是非线性编辑，只需要一台录像机。在整个编辑过程中，录像机只需要启动两次，一次输入素材，一次录制节目带，这样就避免了磁鼓的大量磨损，使得录像机的寿命大大延长。

四、便于升级

影视制作水平的提高，总是对设备不断地提出新的要求，这一矛盾在传统编辑系统中很难解决，因为这需要不断投资，而使用非线性编辑系统则能较好地解决这一矛盾。非线性编辑系统采用的是易于升级的开放式结构，支持许多第三方的硬件、软件。通常，功能的增加只需要通过软件的升级就能实现。

五、网络化

网络化是计算机的一大发展趋势，非线性编辑系统可充分利用网络方便地传输数码视频，实现资源共享。还可利用网络上的计算机协同创作，对数码视频资源的管理、查询更快捷方便。目前，在一些电视台中，非线性编辑系统都在利用网络发挥着更大的作用。

1.2.4　非线性数字视频编辑的制作流程

非线性数字视频编辑的制作流程一般分为输入、编辑、输出 3 步。尽管影视制作进入数字时代之后在许多方面都发生了改变，但是视频制作的这 3 个步骤仍然保留着，只是每个阶段都介入了数字技术的力量。当然，由于不同软件功能的差异，其使用流程还可以进一步细化。

以 Premiere 为例，其制作流程主要分为以下 5 个步骤。

(1) 素材采集与输入。

采集就是利用 Premiere 将模拟视频、音频信号转换成数字信号存储到计算机中，或者将外部的数字视频存储到计算机中，成为可以处理的素材。输入主要是把其他软件处理过的图像、声音等导入 Premiere 中。

(2) 素材编辑。

素材编辑就是设置素材的入点与出点，以选择最合适的部分，然后按时间顺序组接不同素材的过程。

(3) 特技处理。

对于视频素材，特技处理包括转场、特效及合成叠加。对于音频素材，特技处理包括转场、特效。令人震撼的画面效果，就是在这一过程中产生的，而非线性编辑软件功能的强弱往往也体现在这方面。配合某些硬件，Premiere 还能够实现特技播放。

(4) 字幕制作。

字幕是影片中非常重要的部分，它包括文字和图形两个方面。在 Premiere 中制作字幕很方便，还有大量的模板可供选择。

(5) 输出与生成。

素材编辑完成后，就可以输出回录到录像带上；也可以生成视频文件，发布到网上，或刻录 VCD 和 DVD 等。

1.3 视频编辑的基础理论

"不积跬步，无以至千里；不积小流，无以成江海。"学习任何技术都需要从基础开始，一点一滴地积累，然后才能聚沙成塔，集腋成裘，终有所成。学习视频编辑也一样，了解蒙太奇和长镜头等相关的基础知识，熟悉相关的术语，是成为视频编辑高手的第一步。

1.3.1 蒙太奇

蒙太奇是影视制作的思维方法和结构技巧，是影视艺术的重要表现手段。它贯穿于整个影片的创作过程中，镜头的连接构成了一定的情节，使观众从心理上产生某种联想，从而概括出新的含义。蒙太奇最早出现在英国勃列顿学派的影片中，主张电影必须反映"真实生活的片断"，也强调允许进行艺术加工。蒙太奇语言开始于导演构思，结束于编辑台上，因此蒙太奇除了有其生活依据、心理依据以外，还有导演的艺术构思和主观引导，三位一体，构成千姿百态、异象纷呈的银屏世界。

一、蒙太奇的内涵

(1) 作为电影反映现实的艺术手法——独特的形象思维方法（编导的艺术构思）。

(2) 作为电影的基本结构手段、叙述方式，包括分镜头，场面、段落的安排与组合的全部技巧（分镜头稿本创作）。

(3) 作为电影剪辑的具体技巧和技法（后期制作）。

二、蒙太奇的功能

(1) 概括与集中。

(2) 吸引观众的注意力，激发观众的联想。

(3) 创造独特的画面时间。

(4) 形成不同的节奏。

(5) 表达寓意，创造意境。

三、蒙太奇的叙述方式

根据内容的叙述方式和表现形式的不同，蒙太奇分为叙事蒙太奇和表现蒙太奇两大类。

(1) 叙事蒙太奇。

叙事蒙太奇以交待情节、展示事件为目的，按照情节发展的时间流程、逻辑顺序、因果关系来分切和组合镜头、场面和段落。表达的重点是动作、形态和造型的连贯性，优点是脉络清楚，逻辑连贯，明白易懂。叙事蒙太奇包括连续式蒙太奇、平行式蒙太奇、交叉式蒙太奇和颠倒式蒙太奇等。

(2) 表现蒙太奇。

表现蒙太奇组织镜头的依据是根据艺术表现的需要，将不同时间、不同地点、不同内容的画面组接在一起，以产生不曾有的新含义。其特点是不注重事件的连贯、时间的连续，而注重画面的内在联系。以镜头的并列为基础，在并列过程中引发联想、表达概念，逐渐认识事物的本质、事物间的联系，阐发哲理。它是一种作用于视觉联想的表意方法，往往更能体现创作者的主观意图。表现蒙太奇包括对比式蒙太奇、重复式蒙太奇、心理蒙太奇、积累式蒙太奇、隐喻式（或称象征式）蒙太奇、抒情蒙太奇和节奏蒙太奇等。

1.3.2　长镜头的概念及发展

长镜头是指连续地对一个场景、一场戏进行较长时间的拍摄所形成的镜头。通过摄像机的运动，形成多角度、多机位的效果，运用合理的场面调度营造画面空间的真实感和一气呵成的整体感。其拍摄的重要意义在于保持了空间、时间的连续性、统一性，能给人一种亲切感、真实感，在节奏上比较缓慢，故抒情气氛较浓。长镜头的呈现能使观众站在客观的位置观察持续性的空间原貌，以最接近现实的角度观察眼前的影像。

一、长镜头的艺术内涵及特点

(1) 长镜头的艺术内涵。

长镜头具有再现空间原貌记录的功能，能够表现事件的真实性，起到"揭示"的作用。镜头的焦点不断产生变化，以丰富的视觉感受提升观赏性。

(2) 叙事结构的特点。

叙事结构的特点为传递信息的完整性、不容质疑的真实性、事态进展的连续性、现场气氛的参与性。

(3) 时间结构的特点。

时间结构的特点为屏幕时间和实际时间的同时性、时间进程的连续性。

(4) 空间结构的特点。

空间结构的特点为展现空间全貌，在镜头运动中实现空间的自然转换。

二、长镜头的造型表现力

(1) 宣泄感情，表现低沉、压抑、拖沓的气氛。

(2) 表达一种一气呵成的感觉。

(3) 引起人们边看边思考。

(4) 制造节奏，营造特殊气氛。

三、长镜头的意义

长镜头最接近生活，最能反映生活的本质状态。其美学价值主要表现为：人们伴随着摄像镜头，对事物发展的真实过程和运动景观进行多角度、多侧面、全方位的观察和思考；人们可以有更多的选择、分析、联想的余地，做出丰富、多义性的判断。

1.3.3　蒙太奇与长镜头的画面语言特点

蒙太奇和长镜头是电影史上的两大美学流派。蒙太奇注重表现和创造，强调电影的情绪和冲击力，通过剪接组合往往能创造出令人惊奇的效果，形成强烈的视觉冲击力，更加合乎影视消费者的观赏习惯，是提升收视率的有效手段。长镜头则注重再现和记录，强调保持被摄时空的完整性、真实性，是"不露技巧的技巧"，它把更多的工作放到镜头拍摄时的场面调度中。影视创作的实践证明，长镜头的技巧可以与蒙太奇组接技巧互为补充，两种方法各有优势，其镜头画面言语特点如表 1-1 所示。

表 1-1	蒙太奇与长镜头的画面语言特点
蒙太奇	长镜头
表现的、主观的	再现的、客观的
对列构成，时空不连续	时空连续，场面调度
剪接的艺术，有控制的剪接	摄影的艺术，无控制的剪接
强制的艺术，封闭的叙述方式	随意的、非强制的、开放型的叙述方式

1.4 视频编辑的基本原则

目前，在影视影片制作中，不重视蒙太奇规律的现象很多，最普遍的就是在动画制作中出现一个镜头到底的现象，这往往会破坏影片的节奏，使观众厌倦。视频编辑作为影视艺术的构成方式和独特的表现手段，不仅对影片中的视频、音频处理有指导作用，而且对影片整体结构的把握也有十分重要的作用。

1.4.1 素材剪接的原则

素材的剪接，是为了将所拍摄的素材串接成影片，增强艺术感染力，最大限度地表现影片的内涵，突出和强化拍摄主体的特征。

在对素材进行剪接加工的过程中，必须遵循以下一些原则。

(1) 突出主题。

突出主题，合乎思维逻辑，是对每一个影片剪接的基本要求。在剪辑素材中，不能单纯追求视觉习惯上的连续性，而应该按照内容的逻辑顺序，依靠一种内在的思想实现镜头的流畅组接，达到内容与形式的统一。

(2) 注意遵循"轴线规律"。

轴线规律是指组接在一起的画面一般不能跳轴。镜头的视觉代表了观众的视觉，它决定了画面中主体的运动方向和关系方向。如拍摄一个运动镜头时，不能是第一个镜头向左运动，下一个组接的镜头向右运动，这样的位置变化会引起观众的思维混乱。

(3) 剪接素材要动接动、静接静。

在剪辑时，前一个镜头的主体是运动的，那么组接的下一个镜头的主体也应该是运动的；相反，如果前一个镜头的主体是静止的，那么组接的下一个镜头的主体也应该是静止的。

(4) 素材剪接景别变化要循序渐进。

这个原则是要求镜头在组接时，景别跳跃不能太大，否则就会让观众感到跳跃太大、不知所云，因为人们在观察事物时，总是按照循序渐进的规律，先看整体后看局部。在全景后接中景与近景，逐渐过渡，会让观众感到清晰、自然。

(5) 要注意保持影调、色调的统一性。

影调是针对黑白画面而言的，在剪接中，要注意剪接的素材应该有比较接近的影调和色调。如果两个镜头的色调反差强烈，就会有生硬和不连贯的感觉，影响内容的表达。

(6) 注意每个镜头的时间长度。

每个素材镜头需要保留或剪掉的时间长度，应该根据前面所介绍的原则确定，该长则长，该短则短。画面的因素、节奏的快慢等都是影响镜头长短的重要因素。

一部影片是由一系列镜头、镜头组和段落组成的，镜头的切换分为有技巧切换和无技巧切换。有技巧切换是指在镜头组接时加入如淡入与淡出、叠化等特技过渡手法，使镜头之间的过渡更加多样化；无技巧切换是指在镜头与镜头之间直接切换，这是最基本的组接方法，在电影中使用最多。

1.4.2　节奏的掌握

影视影片剪辑的成功与否，不仅取决于影视剧情是否交代清楚，镜头是否流畅，更重要的是取决于对节奏的把握。节奏是人们对事物运动变化的总的感受，把握影视艺术的节奏，是在影视影片编辑中增强吸引力和感染力的重要方法。把握节奏的一般要求：注重运动、富于变化、保持和谐。

上面提到的是非线性编辑应遵循的基本艺术规律，但这些艺术规律绝不是一成不变的，在实践中不能照本宣科、生搬硬套，束缚自己的手脚。在艺术创作中，注重并提倡独创，切忌重复雷同。

1.5　小结

非线性数字视频编辑既是一门技术，也是一门艺术，是技术与艺术相融合的过程。非线性编辑技术在带来技术革新的同时，也改变了编辑的思维方式与工作方法。本章介绍了数字视频的基础知识、视频编辑系统及非线性数字视频编辑，并着重介绍了指导后期编辑的基础理论知识及视频编辑的基本原则。只有将技术和艺术有机地融合起来，才能成为一名合格的视频编辑创作人员。

1.6　习题

1. 什么是非线性编辑？非线性编辑有什么优点？
2. 什么是蒙太奇？叙事蒙太奇和表现蒙太奇各有什么特点？
3. 长镜头的造型表现有哪些？
4. 素材剪接有哪些基本规律？

第2章　Premiere Pro 2020 快速入门

Premiere Pro 2020 是由 Adobe 公司开发的一款实用的视频编辑软件，是视频编辑爱好者和专业人士非常喜爱的视频编辑工具。它也是一款编辑画面质量比较好的软件，有较好的兼容性，且可以与 Adobe 公司推出的其他软件相互协作。目前，这款软件广泛应用于广告制作和电视节目制作中。

【学习目标】
- 掌握进行项目设置的方法。
- 熟悉 Premiere Pro 2020 的工作界面及菜单命令。
- 初步掌握利用 Premiere Pro 2020 制作影片的方法。

2.1　新建项目

在开始之前，需要先进行并完成素材和其他媒体文件的收集工作。Premiere Pro 2020 支持多种文件格式，须先确定已有的素材文件是否可以导入，然后将文件保存在计算机或专用存储驱动器中。

1. 双击桌面上的 Pr 图标，或者在【开始】菜单中选择【Adobe Premiere Pro 2020】命令，启动并运行 Premiere Pro 2020，如图 2-1 所示。

图2-1　运行 Premiere Pro 2020

2. 弹出【主页】界面，如图 2-2 所示。

图2-2　【主页】界面

【主页】界面中主要选项的含义介绍如下。

- 【新建项目】：单击该选项可以启动新项目，常用 Ctrl+Alt+N 组合键。
- 【打开项目】：单击该选项可以打开现有的项目，常用 Ctrl+O 组合键。
- 【打开"Premiere Rush"项目】：如果已使用 Premiere Rush（用于捕获和编辑视频的移动应用）启用了某个项目，则可直接在 Premiere Pro 中打开该项目，以进行进一步的编辑。
- 【新建团队项目】：单击该选项可以进一步设置一个新建团队项目。
- 【打开团队项目】：单击该选项可以打开已经存储的团队项目。

3. 单击【新建项目】图标，打开【新建项目】对话框，如图 2-3 所示。

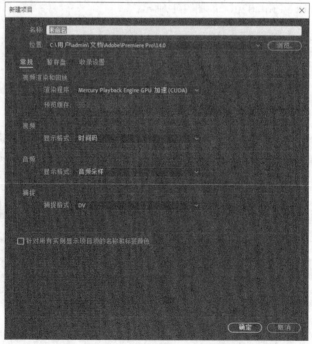

图2-3　【新建项目】对话框

【新建项目】对话框中主要选项的含义介绍如下。

- 【名称】：确定项目文件的名称。
- 【位置】：确定项目文件的存储位置，用户可以通过单击【浏览】按钮，在弹出的【请选择新项目的目标路径】对话框中选择要保存项目的路径，然后单击【选择文件夹】按钮，返回【新建项目】对话框。在【名称】文本框中为新项目命名后，单击【确定】按钮，建立并保存一个新的项目文件。
- 【视频渲染和回放】：渲染程序选择菜单，软件会根据计算机自动选择，默认即可。
- 【视频】：显示视频素材的格式信息。
- 【音频】：显示音频素材的格式信息。
- 【捕捉】：用来设置设备参数及捕捉方式。

要点提示 除了在创建项目完成时保存项目文件外，在编辑过程中，也应该养成随时保存文件的好习惯，这样可以避免因死机、停电等意外事件造成的数据丢失。

4. 单击【暂存盘】标签，打开【暂存盘】面板，如图 2-4 所示。该面板用来确定捕捉的视频、捕捉的音频、视频预览、音频预览、项目自动保存、CC 库下载和动态图形模板媒体文件存储的位置。

【暂存盘】面板中的下拉选项是指与项目文件存储在相同位置。单击【浏览】按钮可以自行选择文件夹路径。

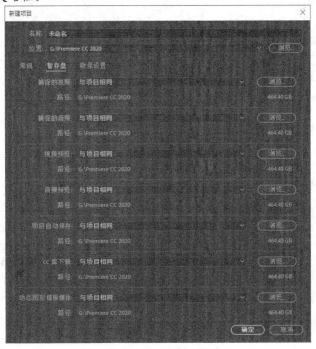

图2-4 【暂存盘】面板

选择硬盘时应该注意以下几点。

(1) 将 Premiere Pro 2020 软件和操作系统安装在同一硬盘，而视频采集则单独使用另一个 AV 硬盘。

(2)　用于视频采集的 IDE 硬盘一定要将其 DMA 通道打开，以提高读取速度，避免在采集过程中丢帧。

(3)　使用计算机中速度最快的硬盘存取视频预演文件，而使用其他硬盘存取音频预演文件。将视频预演文件与音频预演文件存储在不同的硬盘上，会减少播放时的读取活动。

(4)　只使用本机硬盘作为暂存盘。网络硬盘的速度太慢，不能作为暂存盘使用。本机的可移动存储介质如果速度足够快，也可作暂存盘使用。

5.　单击【收录设置】标签，如图 2-5 所示，收录设置主要用来做代理剪辑，一般不需要特殊设置，采用默认设置即可。

图2-5　【收录设置】标签

6.　在【名称】栏中输入名称"T1"，单击 确定 按钮，进入 Premiere Pro 2020 工作界面。

7.　选择菜单命令【文件】/【新建】/【序列】，打开【新建序列】对话框，如图 2-6 所示。

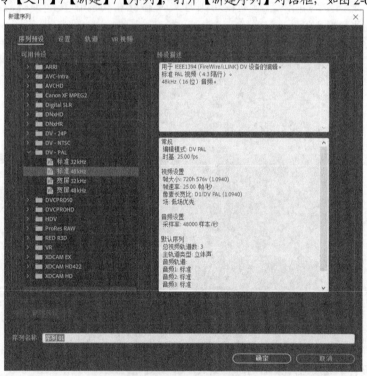

图2-6　【新建序列】对话框

创建新项目时，可以在【新建序列】对话框中对项目进行初始设置。选择哪种预设模式完全由素材的格式及对项目的要求来决定，如果使用的是 PAL 制摄像机，并且视频不是宽屏格式，可以选择【DV-PAL】/【标准 48kHz】，其中 48kHz 指的是音频质量。

选择【DV-PAL】/【标准 48kHz】之后，在右边的【预设描述】面板会给出相关的视频和音频要素介绍。

在 DV-PAL 预设下，分为标准 32kHz、标准 48kHz、宽屏 32kHz 和宽屏 48kHz 这 4 种。标准和宽屏分别对应"4：3"和"16：9"两种屏幕的屏幕比例（又称纵横比）。需要注意的是，项目一旦建立，有的设置将无法更改。

要点提示 本书如果不做特殊说明，创建的项目文件采用的都是【DV-PAL】/【宽屏 48kHz】常规编辑模式。在以后的讲解中，均以"T1.prproj"的标准来建立项目文件。

2.2 项目设置

一、【设置】标签

如果需要自行设置项目参数，单击【设置】标签，就可以在【设置】面板中进行参数设置，如图 2-7 所示。

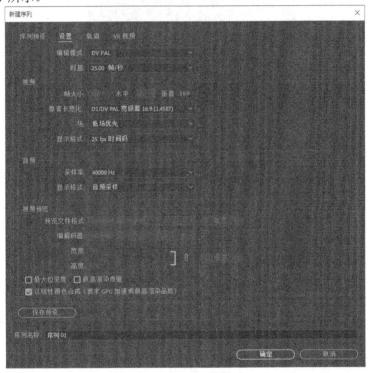

图2-7 【设置】面板

在【设置】面板中，各选项的含义介绍如下。

(1) 【编辑模式】：一般有多个选项可供选择，如图 2-8 所示。

(2) 【时基】：设置节目播放的时间标准，指多少帧构成一秒钟，从其下拉列表中可以选择相应的数值。

(3) 【视频】分组框。

- 【帧大小】：以像素为单位，设置播放视频的帧尺寸。帧尺寸也就是分辨率，第 1 个数值是长度，第 2 个数值是宽度。如果前面选择了【DV PAL】，则此数是 720×576，不可更改。

- 【像素长宽比】：设置像素纵横比，该值决定了像素的形状，需要根据节目的要求加以选择，否则会导致变形。
- 【场】：包含【无场】（逐行扫描）、【高场优先】和【低场优先】。
- 【显示格式】：设置视频时间码的显示方式。

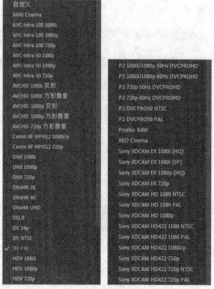

图2-8　编辑模式选项

(4)　【音频】分组框。

- 【采样率】：确定项目预设的音频采样率。通常，采样率越高，项目中的音频品质就越好，但这同时也需要更大的硬盘空间并进行更多的处理。应以高品质的采样率录制音频，然后以同一速率捕获音频。
- 【显示格式】：指定是使用音频采样数还是毫秒数来度量音频时间显示。默认情况下，时间显示在音频采样中。不过，可以在编辑音频时以毫秒显示时间，以获得采样级的精确度。

(5)　【视频预览】：决定了 Premiere Pro 2020 在预览文件及回放素材和序列时采用的文件格式、压缩程序和颜色深度。

- 【预览文件格式】：选择一种能在提供最佳品质预览的同时将渲染时间和文件大小保持在系统允许的容限范围之内的文件格式。对于某些编辑模式，只提供了一种文件格式。
- 【编解码器】：指定用于为序列创建预览文件的编解码器（仅限 Windows）。未压缩的 UYVY 422 8 位编解码器和 V210 10 位 YUV 编解码器分别匹配 SD-SDI 和 HD-SDI 视频的规范。
- 【宽度】：指定视频预览的帧宽度，受源媒体的像素长宽比限制。
- 【高度】：指定视频预览的帧高度，受源媒体的像素长宽比限制。

(6)　【最大位深度】：使序列中回放视频的色位深度达到最大值（最大 32bpc）。如果选定压缩程序，仅提供了一个位深度选项，此设置通常不可用。当准备用于 8bpc 颜色回放的序列，对于 Web 或某些演示软件使用"桌面"编辑模式时，也可以指定 8 位（256 颜色）

调色板。如果项目包含由 Photoshop 等程序或高清摄像机生成的高位深度资源，要选择【最大位深度】，然后系统会使用这些资源中的所有颜色信息来处理效果或生成预览文件。

(7) 【最高渲染质量】：当从大格式缩放到小格式，或者从高清晰度缩放到标准清晰度格式时，保持锐化细节。"最高渲染质量"可使所渲染素材和序列中的运动质量达到最佳效果。选择此选项通常会使移动资源的渲染更加锐化。与默认的标准质量相比，选择最高质量时的渲染需要更多的时间，并且使用更多的内存。此选项仅适用于具有足够内存的系统。对于内存极小的系统，建议不要使用【最高渲染质量】选项。"最高渲染质量"通常会使高度压缩的图像格式或包含压缩失真的图像格式变得锐化，效果更差。

(8) 【以线性颜色合成（要求 GPU 加速或最高渲染品质）】：若勾选此复选框，则效果设置为预先设定的效果。

(9) **保存预设** 按钮：单击此按钮，打开【保存预设】对话框，可以在该对话框中命名、描述和保存序列设置。

(10) 【序列名称】：给序列命名并根据需要添加描述。

二、【轨道】标签

如果需要自行设置轨道项目参数，则单击【轨道】标签，在【轨道】面板中创建新序列的视频轨道数量、音轨的数量和类型，如图 2-9 所示。

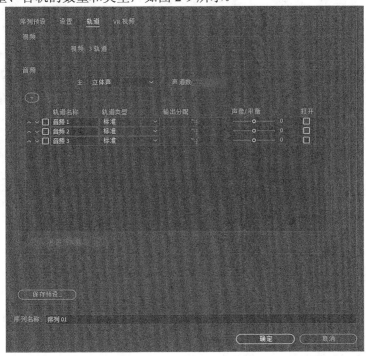

图2-9　【轨道】面板

通过音频设置，可以将新序列中主音轨的默认声道类型设置为"立体声""5.1""多声道"和"单声道"。

三、【VR 视频】标签

单击【VR 视频】标签，在【VR 视频】面板中可设置 VR 属性，如图 2-10 所示。

图2-10　【VR 视频】面板

- 【投影】：将投影类型设置为"无"和"球面投影"，用于整理在序列中存在多个不同分辨率的 VR 素材。
- 【布局】："球面投影"设置下可分为"单像""立体-上/下"和"立体-并排"。
- 【水平捕捉的视图】："球面投影"设置下可从 0 ~ 360° 随意变化。
- 【垂直】："球面投影"设置下可从 0 ~ 180° 随意变化。

选择了相应的预置模式之后，单击【新建序列】对话框右下方的 确定 按钮，进入 Premiere Pro 2020 工作界面，如图 2-11 所示。

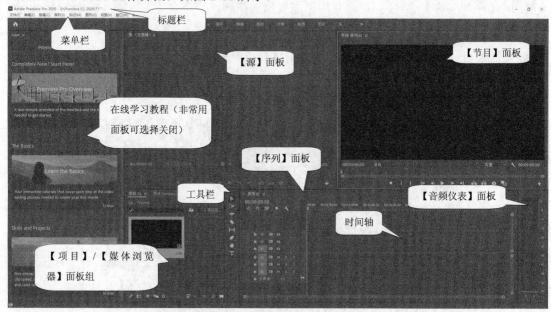

图2-11　Premiere Pro 2020 工作界面

2.3　工作界面简介

Premiere Pro 2020 提供了采集、剪辑、调色、美化音频、字幕添加、输出及 DVD 刻录的一整套流程，并和其他Adobe软件高效集成，足以完成在编辑、制作、工作流上遇到的所有挑战，满足创建高质量作品的要求。

2.3.1　Premiere Pro 2020 工作界面

在使用 Premiere 进行编辑之前，首先介绍 Premiere Pro 2020 的工作界面。Premiere Pro 2020 默认工作区包含面板组和独立面板。用户可自定义工作空间，将面板布置为最适合自身工作风格的布局。重新排列面板时，其他面板会自动调整大小以适应窗口。

初学者常用的工作区可选用 Premiere Pro 2020 自带的"编辑"工作区。选择菜单命令
【窗口】/【工作区】/【编辑】，如图 2-12 所示。

图2-12　"编辑"工作区

若想快速切换工作区模式，也可以从顶部【工作区】面板直接单击选择，如图 2-13 所
示，包括【学习】【组件】【编辑】【颜色】及【效果】等。

图2-13　【工作区】面板

本章主要介绍以下几个常用面板。

一、【项目】面板

【项目】面板是素材文件的管理器，用于放置项目素材文件的链接。这些素材包括视频
文件、音频文件、图形图像和序列等，如图 2-14 所示。

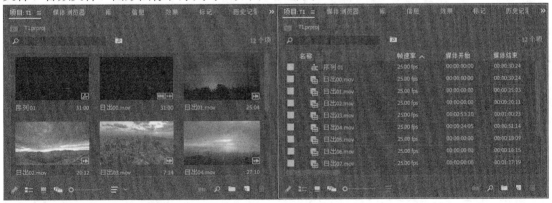

图2-14　【项目】面板

按 Ctrl+PageUp 或 Ctrl+PageDown 组合键，可以切换到列表视图状态或图标视图状
态。单击【项目】面板右上方的 按钮，在打开的下拉菜单中可以选择面板及相关功能的
显示/隐藏方式，如图 2-15 所示。将素材导入【项目】面板后，在图标视图状态时，用鼠标

拖动素材下方的进度条，可以查看不同时间点的素材内容；在列表视图状态时，会显示素材的详细信息，如名称、媒体格式、视音频及数据量等。

图2-15　【项目】菜单

二、　【源】监视器面板和【节目】监视器面板

监视器是用来播放素材和监控节目内容的窗口，分为【源】监视器和【节目】监视器，如图 2-16 所示。【源】监视器（图 2-16 左图）用来观看和编辑原始素材，【节目】监视器（图 2-16 右图）用来观看和设置编辑中的项目。双击【项目】面板中的素材文件后，单击【源】监视器面板下方的播放按钮，可观看素材。

图2-16　监视器

三、　【时间轴】面板

【时间轴】面板是编辑节目的主要场所，可以对素材进行编辑、插入、复制、粘贴及修正等操作，如图 2-17 所示。在【时间轴】面板上可以创建一个序列（在 Adobe 软件中指编辑过的视频片段或整个项目文件），也可以创建多个序列，多个序列同时进行多线程的编辑工作，序列与序列之间可以嵌套使用。

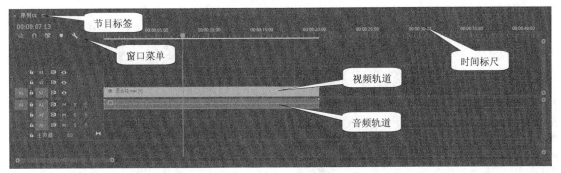

图2-17　【时间轴】面板

四、 【信息】面板

【信息】面板显示【项目】面板中当前选择的所有素材、序列中选取的所有素材或特效的基本信息，显示的信息对编辑工作有很大的参考作用，如图2-18所示。

五、 【效果】面板

效果即 Premiere 旧版本中的滤镜和切换。在【效果】面板中以效果类型分组存放Premiere Pro 2020 的音频效果、音频过渡、视频效果及视频过渡，如图 2-19 所示。在该面板中用户还可以将经常使用的音频或视频效果添加到"预设"文件夹下，以便快速使用。

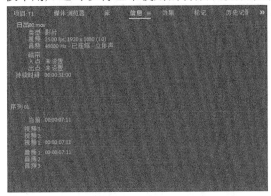

图2-18　【信息】面板

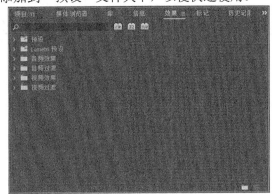

图2-19　【效果】面板

六、 【效果控件】面板

选择菜单命令【窗口】/【效果控件】，切换到【效果控件】选项卡，或者在时间轴上选择任意一个素材，则会自动切换【效果控件】面板并在其中显示该素材的相关效果参数。每一段视频素材都有运动、不透明度、时间重映射 3 种视频效果，以及音量、声道音量、声像器 3 种音频效果，如图 2-20 所示。当为素材添加新的效果后，效果会出现在该面板中。用户可以在此调整效果的参数，并为其设置关键帧。

七、 【音频剪辑混合器】面板

选择菜单命令【窗口】/【音频剪辑混合器】，显示【音频剪辑混合器】面板，该面板类似用于音频制作的硬件设备，包括音量滑块和转动旋钮。【时间轴】面板上每一轨音频都有一套控件，此外还有一个主音轨，如图 2-21 所示。

图2-20　【效果控件】面板

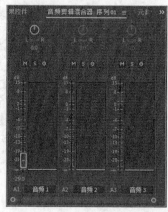

图2-21　【音频剪辑混合器】面板

八、【工具】面板

【工具】面板上的工具主要用于在【时间轴】面板上编辑素材，如图 2-22 所示。选中某个工具，移动鼠标指针到【时间轴】面板上，会出现该工具的外形，并在工作界面下方的提示栏中显示相应的编辑功能。各个工具的具体功能会在后续章节中一一介绍。

图2-22　【工具】面板

2.3.2　Premiere Pro 2020 菜单命令

一、【文件】菜单

【文件】菜单中的【新建】子菜单如图 2-23 所示，主要用于新建、打开项目、打开团队项目等设置。

(1)【新建】子菜单主要包括以下命令。

- 【项目】：可以创建一个新的项目文件。
- 【作品】：提供了灵活、可扩展的框架，用于组织多项目工作流。利用作品可将大型复杂工作流拆分为多个可管理的项目，以提高整体效率并使用共享本地存储进行协作。

可以在作品内部的项目之间共享资源，而无须创建重复的文件。可以根据项目将各个编辑人员分组，以提高组织能力和效率。大型项目（纪录片、电影、电视）可以拆分为多个卷或剧集，以便各个编辑人员根据自己的首选工作流，通过共享存储网络进行协作。

图2-23　【文件】菜单与【新建】子菜单

已建立的 Premiere Pro 项目格式构成了作品的基本构建基块。作品可以添加一个额外的层，链接其中的项目和资源。作品中的项目保留了".pproj"文件的所有属性。用户可以将现有的 Premiere Pro 项目添加到作品中。需要时，用户也可以将它们移出，作为独立的 Premiere Pro 项目使用。

- 【团队项目】：可以创建一个新的团队项目文件。
- 【序列】：可以创建一个新的合成序列，从而进行编辑合成。
- 【来自剪辑的序列】：使用文件中已有的序列来新建序列。
- 【素材箱】：在【项目】面板中创建项目素材箱。
- 【搜索素材箱】：搜索在【项目】面板中已保存的项目素材箱。
- 【项目快捷方式】：用于打开其他项目的快速链接，也可以将项目导入为项目快捷方式。（从 Premiere Pro 14.1 起，【共享项目】已重命名为【项目快捷方式】。如果使用旧版本 Premiere Pro 的共享项目，可通过【项目快捷方式】来使用它们。）
- 【链接的团队项目】：在团队项目中新建已链接的其他团队项目文件。
- 【脱机文件】：创建离线编辑的文件。
- 【调整图层】：在【项目】面板中创建调整图层。
- 【旧版标题】：即新建字幕，可以新建想要的字幕。
- 【Photoshop 文件】：建立一个 Photoshop 文件，系统会自动启动 Photoshop 软件。
- 【彩条】：可以建立一个色条片段。
- 【黑场视频】：可以建立一个黑屏视频文件。
- 【字幕】：建立一个新的字幕窗口。
- 【颜色遮罩】：在【时间轴】面板中叠加特技效果的时候，为被叠加的素材设置固定的背景色彩。
- 【HD 彩条】：用来创建 HD 彩条文件。
- 【通用倒计时片头】：用来创建倒计时的视频素材。
- 【透明视频】：用来创建透明的视频素材文件。
(2) 【打开项目】：打开已经存在的项目、素材或影片等文件。
(3) 【打开作品】：打开已经存在的作品文件。
(4) 【打开团队项目】：打开已经存在的团队项目、素材或影片等文件。
(5) 【打开最近使用的内容】：打开最近编辑过的文件。
(6) 【关闭】：关闭当前选取的面板。
(7) 【关闭项目】：关闭当前操作的项目文件。
(8) 【关闭作品】：关闭当前编辑的作品。
(9) 【关闭所有项目】：关闭当前操作的所有项目文件。
(10) 【关闭所有其他项目】：关闭除当前操作外的其他项目文件。
(11) 【刷新所有项目】：刷新当前操作的所有项目文件。
(12) 【保存】：将当前正在编辑的文件项目或字幕以原来的文件名进行保存。
(13) 【另存为】：将当前正在编辑的文件项目或字幕以新的文件名进行保存。
(14) 【保存副本】：将当前正在编辑的文件项目或字幕以副本的形式进行保存。
(15) 【全部保存】：将当前正在编辑的文件项目或字幕全部保存。
(16) 【还原】：放弃对当前文件项目的编辑，使项目回到最近的存储状态。

(17)　【同步设置】：可保持多台计算机的设置同步。

(18)　【捕捉】：从外部视频、音频设备捕获视频和音频文件素材，一般有音频、视频同时捕获，音频捕获和视频捕获 3 种捕获方式。

(19)　【批量捕捉】：通过视频设备进行多段视频采集，以供后面的非线性操作。

(20)　【链接媒体】：用于将【项目】面板中的素材与外部的视频文件、音频文件、网络等媒介链接起来。

(21)　【设为脱机】：该命令与【链接媒体】命令相对立，用于取消【项目】面板中的素材与外部的视频文件、音频文件、网络等媒介的链接。

(22)　【Adobe Dynamic Link】：从 Premiere Pro 中创建一个新的动态链接合成会启动 After Effects。After Effects 随后使用来源项目的尺寸、像素长宽比、帧速率和音频采样率来创建项目和合成。

(23)　【从媒体浏览器导入】：从媒体浏览器中导入素材。

(24)　【导入】：在当前的文件中导入所需要的外部素材文件。

(25)　【导入最近使用的文件】：列出最近所有软件中导入的文件，如果要重复使用，在此可以直接导入使用。

(26)　【导出】：用于将工作区域栏中的内容以设定的格式输出为图像、影片、单帧、音频文件或字幕文件。

(27)　【获取属性】：可以从中了解影片的详细信息，包括文件的大小、视频/音频的轨道数目、影片长度、平均帧率、音频的各种指示与有关的压缩设置等。

(28)　【项目设置】：用于设置当前项目文件的一些基本参数，包括【常规】【暂存盘】和【收录设置】3 个子命令。

(29)　【作品设置】：为作品选择的设置将应用于作品文件夹中的每个项目。在作品内部进行协作时，每个编辑人员都会看到同样的作品共享设置。

(30)　【项目管理】：用于管理项目文件或使用的素材，它可以排除未使用的素材，同时可以将项目文件与未使用的素材进行搜集并放置在同一个文件夹中。

(31)　【退出】：退出 Premiere Pro 2020 程序。

二、　【编辑】菜单

【编辑】菜单如图 2-24 所示，主要用于撤销、剪切、复制、粘贴及清除等参数设置，其中常用命令参数介绍如下。

(1)　【撤销】：用于取消上一步的操作，返回上一步之前的编辑状态，常用 Ctrl+Z 组合键。

(2)　【重做】：用于恢复撤销操作前的状态，避免重复性操作。该命令与撤销命令的次数理论上是无限次的，具体次数取决于计算机内存容量的大小。

(3)　【剪切】：将当前文件直接剪切到其他地方，源文件就不存在了。

(4)　【复制】：将当前文件复制，源文件依旧保留。

(5)　【粘贴】：将剪切或复制的文件粘贴到相应的位置。

(6)　【粘贴插入】：将剪切或复制的文件在指定的位置以插入的方式粘贴。

(7)　【粘贴属性】：将其他素材片段上的一些属性粘贴到选定的素材片段上，这些属性包括一些过渡特技、滤镜和设置的一些运动效果等。

(8)　【删除属性】：在选定的素材片段上删除过渡特技、滤镜和设置的一些运动效果属性。

(9) 【清除】：用于清除所选中的内容。

(10) 【波纹删除】：可以删除两个素材之间的间距，所有未锁定的素材就会移动并填补这个空隙，即被删除素材后面的内容将自动向前移动。

(11) 【重复】：是在【项目】面板中对选中的媒体素材执行一次复制、粘贴的操作，可以快速制作一个副本。例如，一个媒体素材设置好入点和出点后，可以执行重复操作制作一个副本，然后在副本中再次设置一个新的入点和出点。这样操作可以让同样的一个媒体素材得到两种入点和出点。

(12) 【全选】：选定当前窗口中的所有素材或对象。

(13) 【选择所有匹配项】：选定与设置序列宽、高相同的所有视频。

(14) 【取消全选】：取消对当前窗口所有素材或对象的选定。

(15) 【查找】：根据名称、标签、类型、持续时间或出入点在【项目】面板中定位素材。

(16) 【查找下一个】：根据查找内容进行二次查找。

(17) 【快捷键】：可以分别为应用程序、窗口、工具等进行键盘快捷键设置。

(18) 【首选项】：用于对保存格式、自动保存等一系列的环境参数进行设置。

三、 【剪辑】菜单

【剪辑】菜单包括了大部分的编辑影片命令，如图2-25所示，其中常用命令参数介绍如下。

图2-24 【编辑】菜单

图2-25 【剪辑】菜单

(1) 【重命名】：将选定的素材重新命名。

(2) 【制作子剪辑】：为当前的素材创建子素材。

(3) 【编辑子剪辑】：用于编辑子素材的切入点和切出点。

(4) 【编辑脱机】：对脱机素材进行注释编辑。

(5) 【源设置】：用于对外部的采集设备进行设置。

(6) 【修改】：对源素材的音频声道、视频参数及时间码进行修改。

(7) 【视频选项】：设置视频素材各选项，如图2-26所示，其子菜单命令分别介绍如下。

- 【帧定格选项】：主要用来将某一帧静止，设置一个素材的入点、出点或 0 标记点的帧保持静止。
- 【添加帧定格】：用来对播放中的素材突然定格。
- 【插入帧定格分段】：用来对播放的视频播放一段时间后定格，即播放一段时间再定格。
- 【场选项】：冻结帧时，用于场的交互设置。
- 【时间插值】：在处理升格视频时，想要做成慢动作，那么就会遇到时间插值的选择问题。这里有帧采样、帧混合、光流法 3 个选项。
- 【缩放为帧大小】：在【时间轴】面板中选中一段素材后，选择该命令，所选素材在节目监视器窗口中将自动满屏显示。
- 【设为帧大小】：Premiere Pro 自动更改效果控件、运动、缩放的参数，使视频素材恰好充满序列横向素材。

(8)　【音频选项】：调整音频素材各选项，如图 2-27 所示，其子菜单命令分别介绍如下。

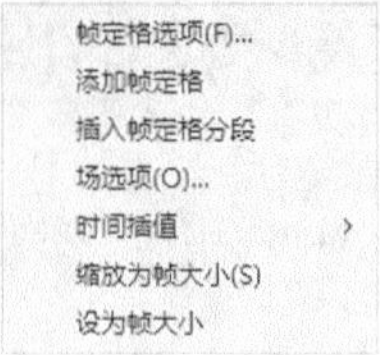

图2-26　【视频选项】子菜单

图2-27　【音频选项】子菜单

- 【音频增益】：增益通常指素材中的输入电平或音量。该命令独立于【音轨混合器】和【时间轴】面板中的输出电平设置，但其值将与最终混合的轨道电平整合。
- 【拆分为单声道】：将源素材的音频声道拆为两个独立的音频素材。
- 【提取音频】：在源素材中提取音频素材。

(9)　【速度/持续时间】：用于设置素材播放速度。

(10)　【捕捉设置】：打开捕捉窗口，可以看见黑色框，右边有需要的设置，根据需要设置入点。

(11)　【插入】：将【项目】面板中的素材或【源】监视器面板中已经设置好入点和出点的素材插入【时间轴】面板中时间标记所在的位置。

(12)　【覆盖】：将【项目】面板中的素材或【源】监视器面板中已经设置好入点和出点的素材插入【时间轴】面板中时间标记所在的位置，并覆盖该位置原有的素材片段。

(13)　【替换素材】：用新选择的素材替换【项目】面板中指定的旧素材。

(14)　【替换为剪辑】：将【时间轴】面板上的剪辑替换为【源】监视器面板中的源素材，被替换的剪辑时间长度不变。

(15)　【渲染和替换】：预览并在【项目】面板中创建合成音频文件。

(16)　【恢复未渲染的内容】：在序列中渲染并替换剪辑后，可随时恢复为原始的未渲染剪辑或 After Effects 合成。

(17)　【更新元数据】：将媒体素材的元数据进行更新。

(18)　【生成音频波形】：用于生成音频波形。

(19)　【自动匹配序列】：将【项目】面板中选定的素材按顺序自动排列到【时间轴】面

板的轨道上。

(20) 【启用】：激活当前选中的素材。

(21) 【链接/取消链接】：设置音频、视频的链接与取消链接。

(22) 【编组】：将影片中的几个素材暂时组合成一个整体。

(23) 【取消编组】：将影片中组合成一个整体的素材分解成多个影片片段。

(24) 【同步】：将【时间轴】面板中不同轨道上的剪辑素材按照一定参数进行对齐。

(25) 【合并剪辑】：将多个素材合并为一个素材。

(26) 【嵌套】：从时间线轨道中选择一组素材，将它们打包成一个序列。

(27) 【创建多机位源序列】：将多个素材创建为一个多机位源序列。

(28) 【多机位】：可以从 4 个不同的视频源编辑多个影视片段。

四、【序列】菜单

【序列】菜单主要用于在【时间轴】面板中对项目片段进行编辑、管理、设置轨道属性等操作，如图 2-28 所示，其中常用命令参数介绍如下。

(1) 【序列设置】：更改序列参数，如视频格式、播放速率和画面尺寸等。

(2) 【渲染入点到出点的效果】：用内存来渲染和预览入点到出点指定工作区域内的素材。

(3) 【渲染入点到出点】：用内存来渲染和预览整个工作区域内的素材。

(4) 【渲染选择项】：只渲染工作区域内选择的素材文件。

(5) 【渲染音频】：对【时间轴】面板上的音频进行整体渲染，生成并关联一个临时渲染文件，从而实现全帧率音频实时回放。通常情况下，音频不需要渲染，因此本功能使用不多。

(6) 【删除渲染文件】：删除所有与当前项目工程关联的渲染文件。

(7) 【删除入点到出点的渲染文件】：删除工作区指定的渲染文件。

图2-28 【序列】菜单

(8) 【匹配帧】：在【源】监视器面板中显示时间标记██的当前位置所匹配的帧图像。

(9) 【反转匹配帧】：可以将【源】监视器面板中加载的视频帧在【时间轴】面板中进行匹配。

(10) 【添加编辑】：以当前的时间指针为起点，切断在【时间轴】面板上当前轨道中的素材。

(11) 【添加编辑到所有轨道】：以当前时间指针为起点，切断在【时间轴】面板上所有轨道中的素材。

(12) 【修剪编辑】：在【时间轴】面板中修剪素材。

(13) 【将所选编辑点扩展到播放指示器】：将素材中选择的编辑点扩展到指定播放指示器位置。

(14) 【应用视频过渡】：此命令组应用于视频素材的转换。

(15) 【应用音频过渡】：此命令组应用于音频素材的转换。

(16)【应用默认过渡到选择项】：将默认的过渡效果应用到所选择的素材。

(17)【提升】：主要将监视器窗口中所选定的源素材插入编辑线所在的位置。

(18)【提取】：主要将监视器窗口中所选定的源素材覆盖到编辑线所在的位置。

(19)【放大】/【缩小】：对【时间轴】面板中的时间显示比例进行放大或缩小，以方便进行视频和音频片段的编辑。

(20)【封闭间隙】：删除时间线上的所有间隙。

(21)【转到间隔】：跳转到序列或轨道中的下一段或前一段。

(22)【在时间轴中对齐】：使两个序列自动对齐，便于剪辑。

(23)【链接选择项】：将视频素材的音频与视频进行链接匹配。

(24)【选择跟随播放指示器】：可用于精确更改素材的位置。

(25)【显示连接的编辑点】：可以显示视频素材之间的链接编辑点。

(26)【标准化主轨道】：主要用来标准化视频、音频的主轨道。

(27)【制作子序列】：可制作子序列，提高剪辑效率。

(28)【自动重构序列】：创建具有不同长宽比的复制序列，并对序列中的所有剪辑应用自动重构效果。

(29)【添加轨道】：主要用来增加序列的编辑轨道。

(30)【删除轨道】：主要用来删除序列的编辑轨道。

五、【标记】菜单

【标记】菜单主要对【时间轴】面板中的素材标记和监视器中的素材标记进行编辑处理，如图 2-29 所示，其中常用命令参数介绍如下。

(1)【标记入点】：在【时间轴】面板中设置视频和音频素材的入点。

(2)【标记出点】：在【时间轴】面板中设置视频和音频素材的出点。

(3)【标记剪辑】：在【时间轴】面板中标记视频和音频素材。

(4)【标记选择项】：在【时间轴】面板中选择标记素材。

(5)【标记拆分】：在【源】监视器面板中拆分视频和音频的入点和出点。

图2-29　【标记】菜单

(6)【转到入点】：使用此命令指向某个素材标记，如转到下一个标记的入点。此命令只有在设置素材标记后方可使用。

(7)【转到出点】：使用此命令指向某个素材标记，如转到下一个标记的出点。此命令只有在设置素材标记后方可使用。

(8)【转到拆分】：在【源】监视器面板中将时间标记跳转到拆分的音频或视频的入点或出点。

(9)【清除入点】：清除标记的入点。

(10)【清除出点】：清除标记的出点。

(11)【清除入点和出点】：清除标记的入点和出点。

(12)【添加标记】：在时间标记█的当前位置为素材添加标记。

(13)【转到下一标记】：将时间标记█跳转到下一个标记处。

(14)【转到上一标记】：将时间标记█跳转到上一个标记处。

(15)【清除所选标记】：清除时间标记█所在位置的标记。

(16)【清除所有标记】：清除【时间轴】面板中的所有标记。

(17)【编辑标记】：用于编辑时间线标记，如指定超链接、编辑注释等。

(18)【添加章节标记】：设定章节标记，如场景、主菜单等。

(19)【添加 Flash 提示标记】：设定 Flash 交互提示标记。

(20)【波纹序列标记】：利用音频波纹起伏进行编辑，便于卡点。

(21)【复制粘贴包括序列标记】：从【时间轴】面板中复制和粘贴项目时，通过一次复制/粘贴操作获取所有标记及其信息。

六、【图形】菜单

【图形】菜单如图 2-30 所示，主要用于编辑打开的图形。双击素材库中的某个图形文件，以便打开图形窗口进行编辑。

(1)【从 Adobe Fonts 添加字体】：可以联网添加多种字体。Adobe 字体库中提供了上千种字体供选择和使用。

(2)【安装动态图形模板】：从本地导入".mogrt"格式的动态图形模板。

(3)【新建图层】：在【时间轴】面板中操作，可以新建文本、直排文本、矩形、椭圆、来自文件等图层，如图 2-31 所示。

(4)【对齐】：对图形或图层进行对齐设置。

(5)【排列】：对图形或图层进行排列设置。

(6)【选择】：选择图形或图层。

(7)【升级为主图】：可将新建的文本、图形升级为主图。升级后能够在【项目】面板中显示主图文件，方便重复调取。

(8)【重置所有参数】：将所有参数进行重置。

(9)【重置持续时间】：将所有已设置好的持续时间进行重置。

(10)【导出为动态图形模板】：可将制作好的动态图形导出为".mogrt"格式的模板文件，以方便日后调取此模板，重复使用此效果。

(11)【替换项目中的字体】：同时更新所有字体来替换项目中的字体，无须分别更新各个字体。

七、【视图】菜单

【视图】菜单是 Premiere Pro 新增的菜单，如图 2-32 所示，主要整合了节目监视器的命令，如放大率和播放性能，以及添加辅助线或将辅助线设置保存为模板。

(1)【回放分辨率】：可选择需要的播放分辨率。若剪辑在完整播放分辨率下回放出现卡顿，可以选择"1/2"或"1/4"回放分辨率。对于添加了更多的效果、更大型的剪辑，在回放时可选择"1/8"或"1/16"回放分辨率。

(2)【暂停分辨率】：可根据需要来设置暂停分辨率，同回放分辨率一样。

图2-30　【图形】菜单

图2-31　【新建图层】子菜单

图2-32　【视图】菜单

(3)　【高品质回放】：在启用高质量回放的情况下，当设置为相同分辨率时，播放帧的质量将与暂停帧的质量匹配，并且消除开始和停止播放时的质量"凹凸"现象。但是，启用高质量回放可能会降低回放性能，包括导致丢帧。

(4)　【显示模式】：可设置【节目】监视器面板的显示模式。可以显示普通视频、视频的 Alpha 通道或数个测量工具中的一个。

(5)　【放大率】：在【节目】监视器面板中预览窗口放大比率。

(6)　【显示标尺】：在【节目】监视器面板中显示标尺。

(7)　【显示参考线】：在【节目】监视器面板中显示参考线。参考线可用于对齐文本、图形对象、视频和静止图像剪辑。

(8)　【锁定参考线】：将【节目】监视器面板中的参考线锁定。锁定后，参考线将不能移动和修改。

(9)　【添加参考线】：在【节目】监视器面板中添加一个参考线。

(10)　【清除参考线】：将【节目】监视器面板中的参考线全部清除。

(11)　【在节目监视器中对齐】：选择此选项后，若将素材拖放到距离参考线两像素之内时，素材与参考线对齐。

(12)　【参考线模板】：可将参考线保存为参考线模板，以方便日后导入或导出参考线。该参考线模板将保存为".guides"文件，存储在用户配置文件中。

八、【窗口】菜单

【窗口】菜单如图 2-33 所示，主要用于管理工作区域的各个窗口，包括工作区的设置，调用【历史记录】面板、【工具】面板、【效果】面板、【工作区】面板、【源】监视器面板、【效果控件】面板、【节目】监视器面板和【字幕】面板等。

(1)　【工作区】：用于切换不同模式的工作窗口，包括【编辑】【所有面板】【作品】【元数据记录】【学习】【效果】【图形】【库】【组件】【音频】【颜色】【重置为保存的布局】【保存对此工作区所做的更改】【另存为新工作区】【编辑工作区】【导入项目中的工作区】多个子命令。

(2)　【查找有关 Exchange 的扩展功能】：联网查找 Exchange 的更多功能。

(3)　【扩展】：拓展可显示和安装更多的插件内容。

(4)　【最大化框架】/【恢复帧大小】：可将选择的面板最大化显示，选择【恢复帧大小】可恢复窗口的大小。

(5)　【音频剪辑效果编辑器】：可打开音频剪辑效果编辑器。

（6）【音频轨道效果编辑器】：可打开音频轨道效果编辑器。

（7）【标记】：用于显示或关闭【标记】面板，该窗口按照时间顺序显示所有标记的相关信息。

（8）【编辑到磁带】：复刻到磁带。

（9）【作品】：用于显示或关闭【作品】面板。

（10）【元数据】：用于切换和显示【元数据】信息面板。

（11）【效果】：用于切换和显示【效果】面板，该面板集合了音频特效、视频特效、音频切换效果、视频切换效果和预制特效的功能，可以很方便地为【时间轴】面板中的素材添加特效。

（12）【效果控件】：用于切换和显示【效果控件】面板，该面板中的命令用于设置添加到素材中的特效。

（13）【Lumetri 范围】：打开波形 Lumetri 色彩范围，可观察波形进行调色。

（14）【Lumetri 颜色】：可对视频进行颜色调整。

图2-33　【窗口】菜单及【工作区】子菜单

（15）【捕捉】：用于关闭或开启【捕捉】对话框，该对话框中的命令主要用于设置视频、音频采集。

（16）【字幕】：用于显示【字幕】面板，编辑制作字幕。

（17）【项目】：用于显示或关闭【项目】面板，该面板用于引入原始素材，对原始素材片段进行组织和管理，并且可以用多种显示方式显示每个片段，包含缩略图、名称、注释说明及标签等属性。

（18）【了解】：用于显示或关闭【了解】对话框，利用该对话框可浏览 Adobe所提供的在线教程。

（19）【事件】：用于显示【事件】对话框，如图 2-34 所示，该对话框用于记录项目编辑过程中的事件。

（20）【信息】：用于显示或关闭【信息】面板，该面板中显示当前所选素材的文件名、类型、时间长度等信息。

（21）【历史记录】：用于显示【历史记录】面板，该面板记录了从建立项目开始以来所进行的所有操作。

图2-34　【事件】对话框

（22）【参考监视器】：用于显示或关闭【参考监视器】窗口，该窗口用于对编辑图像进行实时监控。

（23）【基本图形】：浏览和编辑图形。

(24)【基本声音】：向选择项制定音频类型。

(25)【媒体浏览器】：显示或隐藏【媒体浏览器】面板。

(26)【工作区】：用于切换不同模式的工作窗口。

(27)【工具】：用于显示或关闭【工具】面板，该面板中包含了一些在进行视频编辑操作时常用的工具，它是独立的活动窗口，单独显示在工作界面上。

(28)【库】：需要登录 Adobe 账号，通过【库】面板可以访问所有 Adobe 应用程序中的资源，轻松地收集并分类整理素材（包含图形图像、视频、模板等），以便于编辑视频时使用。

(29)【时间码】：用于显示或关闭【时间码】面板，该面板用于显示时间标记所在的位置。

(30)【时间轴】：用于显示或关闭【时间轴】面板，该面板按照时间顺序组合【项目】面板中的各种素材片段，是制作影视节目的编辑窗口。

(31)【源监视器】：用于显示或关闭【源】监视器面板，利用该面板可以对【项目】面板中的素材进行预览，还可以编辑素材片段等。

(32)【节目监视器】：用于显示或关闭【节目】监视器面板，通过该面板可以对编辑的素材进行实时预览。

(33)【进度】：可观察渲染的进度。

(34)【音轨混合器】：可根据自己对音频的处理调节音频音量大小。

(35)【音频剪辑混合器】：主要用于完成对音频素材的各种处理，如混合音频轨道、调整各声道音量平衡、录音等。

(36)【音频仪表】：用于关闭或开启【音频仪表】面板，该面板主要对音频素材的主声道进行电平显示。

2.4 综合实例——制作影片

本节通过一个简单影片的制作，让读者对使用 Premiere Pro 2020 编辑影片有一个初步的了解，分镜头画面如图 2-35 所示。

图2-35 分镜头画面

2.4.1 导入素材

导入素材有以下 3 种方式。

(1) 选择菜单命令【文件】/【导入】。

(2) 在【项目】面板的空白处双击鼠标左键导入。

(3) 在文件夹窗口中用鼠标框选所需的视频、音频素材，按住鼠标左键直接拖入【项目】面板。

具体操作步骤如下。

> **要点提示** 将本书素材文件中的"项目文件"和"素材"两个文件夹复制到本地硬盘上，在以下的内容中将用到此目录中的文件。

1. 启动 Premiere Pro 2020，在欢迎界面中选择【打开项目】选项，定位到"项目文件"文件夹中的"T2"项目，如图 2-36 所示，单击 打开(O) 按钮，进入 Premiere Pro 工作界面。

2. 选择菜单命令【文件】/【导入】，或者在【项目】面板的空白处双击鼠标左键，弹出【导入】对话框，定位到本地硬盘中的"素材\日出素材"文件夹，单击 导入文件夹 按钮，导入的素材文件夹就被放置在【项目】面板中。用鼠标左键双击【项目】面板中的"日出素材"文件夹，自动开启【素材箱:日出素材】面板，如图 2-37 所示，可浏览所导入的视频、音频素材。

图2-36　【打开项目】对话框

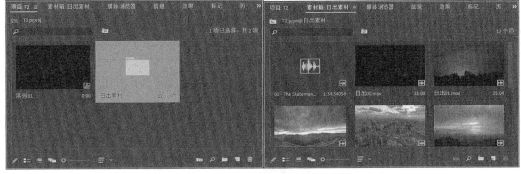

图2-37　【项目】面板和【素材箱】面板

3. 将鼠标指针放在素材上，左右拖动鼠标，可以在【缩略图】视图中进行预览；单击该素材，拖动素材下方的■按钮，也可以在【缩略图】视图中进行预览；双击该素材，单击【源】监视器下方的播放按钮▶，可以在【源】监视器中预览，如图 2-38 所示。

图2-38　预览素材

2.4.2　将素材放到【时间轴】面板

本小节介绍如何将素材从【项目】面板放到【时间轴】面板，操作步骤如下。

1. 在【素材箱】面板中选中"日出 06.mov"，按住鼠标左键并将其拖曳到【时间轴】面板的【V1】轨道，将它的左边缘与轨道的起始点对齐，松开鼠标左键，结果如图 2-39 所示。

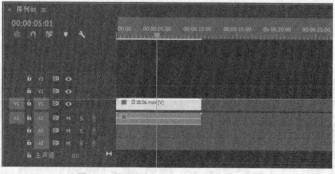

图2-39　拖曳素材到【时间轴】面板（1）

2. 用同样的方法将素材"日出 04.mov""日出 02.mov""日出 03.mov"依次按顺序拖曳到【V1】轨道上，结果如图 2-40 所示。

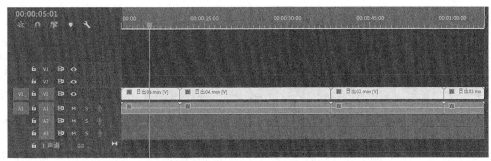

图2-40 拖曳素材到【时间轴】面板（2）

3. 按空格键，对序列进行播放。

> 按 Ctrl+┼、Ctrl+┤组合键，可以快捷地扩展或收缩视轨视图。
> 按 Alt+┼、Alt+┤组合键，则可以快捷地扩展或收缩音轨视图。

2.4.3 在【时间轴】面板上进行编辑

本小节要使用两种简单的剪切素材的方法对素材进行精细的编辑，操作步骤如下。

1. 在【时间轴】面板上拖曳时间指针到"00:00:02:20"处，单击【工具】面板中的剃刀按钮，将鼠标指针移动到时间指针上，鼠标指针显示为 图标，单击鼠标左键剪切素材，如图 2-41 所示。

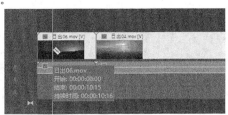

图2-41 剪切素材

2. 单击【工具】面板中的选择按钮，选中"日出 06.mov"的后面部分，按 Delete 键将这部分素材删除。

> 若拖曳时间指针无法精确定位，则可单击【时间轴】面板左上方的"播放指示器位置"，如图 2-42 所示，输入需要定位到的时间参数，可进行快速且精准的时间定位。

图2-42 在【时间轴】面板上进行快速定位

3. 将时间指针定位到"00:00:18:30"处，单击剃刀按钮，用同样的方法将"日出 04.mov"的前半部分删除。将时间指针定位到"00:00:21:12"处，单击剃刀按钮，将"日出 04.mov"的后半部分删除，如图 2-43 所示。

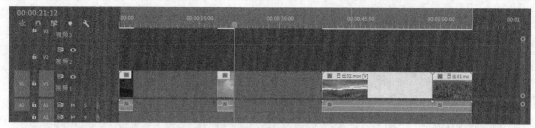

图2-43　剪切素材

4. 使用另外一种方法对素材进行剪切。将时间指针定位到"00:00:47:10"处，单击【工具】面板中的选择按钮，将鼠标指针移动到"日出 02.mov"的左边界，当指针显示为图标时，按住鼠标左键不放，向右拖曳到时间指针处，如图 2-44 所示。

图2-44　拖动鼠标修改素材长度

5. 将时间指针定位到"00:00:52:00"处，将鼠标指针移动到"日出 02.mov"的右边界，当指针显示为图标时，按住鼠标左键不放，向左拖曳到时间指针处，如图 2-45 所示。

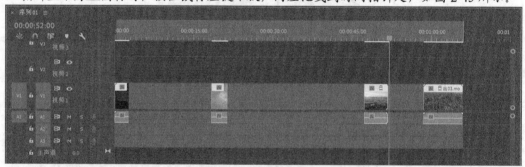

图2-45　拖曳鼠标指针修改素材长度

6. 根据以上介绍的两种方式对"日出 03.mov"进行剪切，仅保留视频素材中的第 1 个镜头，如图 2-46 所示。

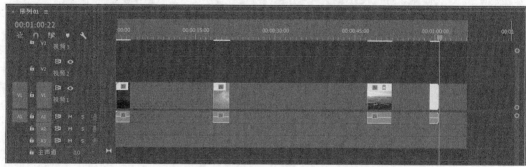

图2-46　剪切素材片段

7. 由于对各个素材缩短了入点、出点，致使【时间轴】面板上出现了空隙，这时可在空隙处单击鼠标右键，在弹出的快捷菜单中选择【波纹删除】命令，将空隙删除，使素材连接起来，如图 2-47 所示。

图2-47　使用【波纹删除】命令将素材的空隙删除

8. 单击选择按钮，拖曳鼠标指针将【时间轴】面板上的视频片段全部选中，如图 2-48 所示。

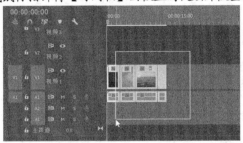

图2-48　选中素材

9. 在素材上单击鼠标右键，在弹出的快捷菜单中选择【取消链接】命令，将素材的视频、音频分离。拖曳鼠标指针选中音频轨【A1】上的 4 段音频素材，按 Delete 键将所有音频素材删除，如图 2-49 所示。

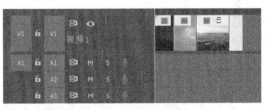

图2-49　删除音频素材

2.4.4　添加转场

转场可以使镜头的过渡更加平滑、自然。接下来将介绍如何在视频编辑上添加转场效果，操作步骤如下。

1. 打开【效果】面板，如图 2-50 所示。
2. 展开【视频过渡】分类夹，里面放置着 Premiere Pro 提供的大量转场效果。展开【溶解】分类夹，选择【交叉溶解】特效，将它拖曳到第 1 段片段和第 2 段片段之间，如图 2-51 所示。
3. 用同样的方法将交叉溶解特效拖曳到第 3 段片段和第 4 段片段之间，如图 2-52 所示。
4. 拖曳时间指针到序列的起始处，按空格键预览整个序列。

图2-50　【效果】面板

图2-51　添加【交叉溶解】特效（1）

图2-52　添加【交叉溶解】特效（2）

2.4.5　添加音乐

本部分简单介绍音乐的添加方法，操作步骤如下。

1. 将【素材箱】中的音频素材 "01 - The Stateman.mp3" 拖曳到【A1】轨道的起始点，如图 2-53 所示。

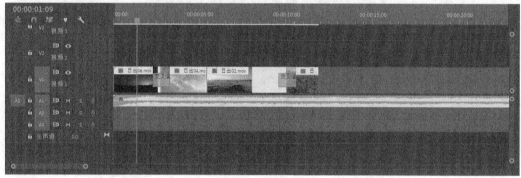

图2-53　添加背景音乐

2. 在【时间轴】面板中将时间指针拖曳到视频剪辑素材末尾处，单击【工具】面板中的剃刀按钮，将音频素材裁剪成两段；单击【工具】面板的选择按钮，选中音频素材的后面部分，按 Delete 键将这部分素材删除，使音频素材长度与视频剪辑长度相同，如图 2-54 所示。

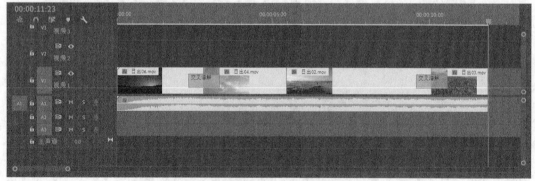

图2-54　裁剪音频素材长度与视频素材长度相同

3. 按 Alt + 组合键，扩展音频轨视图。将时间指针定位到 "00:00:10:20" 处，单击【工具】面板中的钢笔按钮，将鼠标指针移动到音频素材的时间指针处，待其变成 形状时，在音量电平线上单击鼠标左键，创建第 1 个关键帧，如图 2-55 所示。

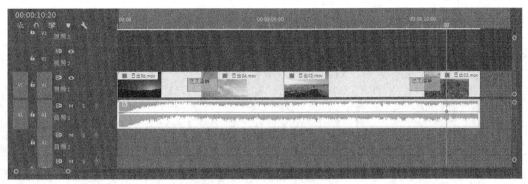

图2-55　创建第1个关键帧

4. 将鼠标指针移动到音频素材的末帧，在电平线上单击鼠标左键，创建第2个关键帧，如图2-56所示。

5. 通过钢笔工具 把最后一帧处的关键帧拖曳到素材的底部，创建声音减弱的效果，如图2-57所示。

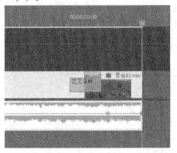

图2-56　创建第2个关键帧

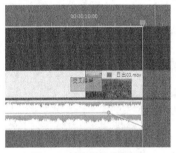

图2-57　创建声音减弱效果

6. 将时间指针移动到序列的起始处，按空格键播放整个序列，观看整体效果。

2.4.6　导出影片

在【时间轴】面板中完成所有编辑后，最后的工作就是按照需要的格式对作品进行输出，操作步骤如下。

1. 设置出入点。将时间指针移动到剪辑的开始处，单击【节目】面板下方的标记入点按钮 （或按 I 键），为剪辑添加入点。将时间指针移动到剪辑的结束处，单击【节目】面板下方的标记出点按钮 （或按 O 键），为剪辑添加出点，如图2-58所示。

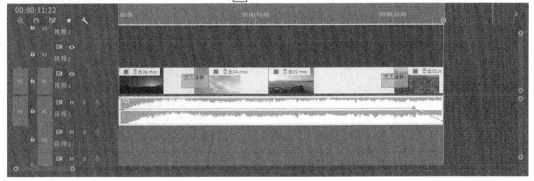

图2-58　为剪辑添加出入点

2.　选择菜单命令【文件】/【导出】/【媒体】，弹出【导出设置】对话框，如图 2-59 所示。

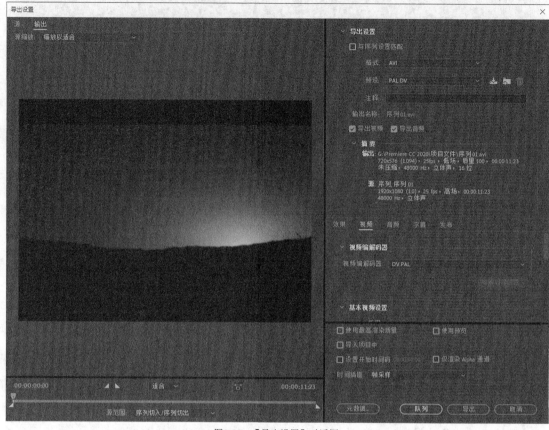

图2-59　【导出设置】对话框

3.　单击【输出名称】右边蓝色的"序列 01.avi"，打开【另存为】对话框，设置文件的保存路径及名称，将输出的序列视频文件另存为"日出"，如图 2-60 所示。

4.　单击 保存(S) 按钮，返回【输出设置】对话框。单击 导出 按钮，弹出【编码 序列 01】对话框，如图 2-61 所示，显示渲染进程，开始渲染输出影片。

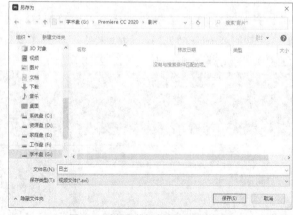

图2-60　选择文件保存路径及设置名称

图2-61　【编码 序列 01】对话框

5.　渲染结束后，在设置保存的路径上找到输出的文件，可以在其他播放器上播放并欣赏完成的作品。

2.4.7 保存项目

在编辑过程中，用户可以根据工作进程随时保存项目文件，操作步骤如下。

1. 在 Premiere Pro 2020 工作界面中选择菜单命令【文件】/【保存】，可以直接保存项目文件。

2. 如果要改变文件的路径或名称，就选择菜单命令【文件】/【另存为】，弹出【保存项目】对话框，在该对话框中设置项目文件的路径和名称，然后单击 保存(S) 按钮，即可完成保存。

3. 如果保存路径中已有一个相同名称的项目文件，系统会弹出【确认文件替换】对话框，提醒用户是否确定替换已有的项目，如图 2-62 所示。

图2-62　【确认文件替换】对话框

按 Ctrl+S 组合键，可以随时快速保存文件。

2.5 小结

了解 Premiere Pro 2020 的工作界面需要花一些时间，掌握 Premiere Pro 2020 的工作界面也是影片制作的基础。命令虽多且复杂，但读者不必在一些细枝末节上花费过多精力，只要经常操作，熟练之后自然就能了解每个命令所在的位置，在以后的实践中注意积累，就一定会全面掌握 Premiere Pro 2020 菜单界面的功能。另外，对于影片的导出，读者不但可以导出多种格式，而且应该多了解每种格式的特性和使用场景，熟悉每种格式都有什么特点，这将有助于提高自己的制作水平。

2.6 习题

1. Premiere Pro 2020 的工作界面分为哪几个部分？
2. 创建一个 PAL 制的项目文件。
3. 将多个素材放到【时间轴】面板上，并在素材之间创建交叉溶解效果。

第3章 素材的采集、导入和管理

创建一个 Premiere Pro 2020 项目是整个影片后期制作流程的第一步。根据用户计算机的硬件情况，用户按照影片制作需要设置好项目，然后从摄像机和录像机上输入、采集各种视音频素材，或者导入多种格式的视频、音频、动画、图像、图形和字幕等素材，再运用相关技能完成粗编。

【学习目标】
- 掌握数字视频采集的方法。
- 掌握导入视音频素材的方法。
- 掌握导入静态图像的方法。
- 掌握使用【项目】面板的方法。

3.1 采集视音频素材

素材的采集，就是将多种来源的素材从外部媒体存放到计算机硬盘中。在对作品进行编辑时，经常需要用到很多素材，包括数字摄像机拍摄的视音频素材、数码相机拍摄的图片、其他软件制作的 CG 素材等，其中最主要的是数字摄像机拍摄的视音频素材。采集可以将摄像机拍摄在磁带、存储卡或光盘上的视音频信号传输到计算机硬盘上，然后在 Premiere Pro 中导入项目文件即可使用。

3.1.1 采集数字音频素材

数字音频在计算机硬盘、音频 CD 或数字音频磁带（DAT）上存储为可由计算机读取的二进制数据，要尽可能地保持高质量，可通过数字连接将数字音频文件传输到计算机。

可以在项目中使用 CD 音频（CDA）文件，但是将这些文件导入 Premiere Pro 之前，必须先将其转换为支持的文件格式，如 WAV 或 AIFF。可以使用如 Audition 一类的音频应用程序转换 CDA 文件。

3.1.2 捕捉和数字化素材

要将已不再以一个文件或一组文件形式提供的素材导入 Premiere Pro 项目，可以根据源材料的类型对其进行捕捉或数字化。

一、 捕捉

从电视实况广播摄像机或磁带中捕捉数字视频，即将视频从来源录制到硬盘。在项目中使用之前，应先将视频从磁带捕捉到硬盘。Premiere Pro 会通过安装在计算机上的数字端口

（如 FireWire 或 SDI 端口）捕捉视频，它会先将捕捉的素材以文件形式保存到硬盘上，再将文件以剪辑形式导入项目中。可以使用 After Effects 启动 Premiere Pro 和捕捉进程，或者使用 OnLocation 捕捉视频。

二、 数字化

可以将来自电视实况广播模拟摄像机源或模拟磁带设备的模拟视频数字化。将模拟视频数字化或将其转换为数字形式之后，计算机就可以对其进行存储和处理。在计算机中安装数字化卡或设备时，捕捉命令就会对视频进行数字化。Premiere Pro 会先将数字化素材以文件形式保存到硬盘中，再将文件以剪辑形式导入项目中。

三、 捕捉的系统要求

要捕捉数字视频素材，编辑系统需要以下组件。

- 对于可在带有 SDI 或组件输出的设备上播放的 HD 或 SD 素材，需要带有 SDI 或组件输入支持的 HD 或 SD 捕捉卡。
- 对于存储在来自基于文件的摄像机的媒体中的 HD 或 SD 素材，需要连接到计算机并能够读取相应媒体的设备。
- 对于来自模拟源的录制音频，需要带有模拟音频输入的支持音频卡。
- 适用于要捕捉的素材类型的编解码器（压缩程序/解压缩程序）。需要增效工具软件编解码器用于导入其他类型的素材，而一些捕捉卡内置了硬件编解码器。
- 需要能够为要捕捉的素材类型维持数据速率的硬盘。
- 需要足够供捕捉的素材使用的硬盘空间。

3.1.3 设置捕捉

使用【捕捉】面板来捕捉数字或模拟视频和音频，包括用于显示捕捉视频的预览，以及用于带和不带设备控制录制的控件。【捕捉】面板还包含用于编辑捕捉设置的【设置】窗口和用于记录剪辑以进行批量捕捉的【记录】窗口。为了方便操作，【捕捉】面板中提供的一些选项还在【捕捉】面板菜单中提供。

可以直接从【捕捉】面板对某些源设备（如摄像机和磁带盒）进行控制。计算机必须安装与 Premiere Pro 兼容的 IEEE 1394、RS-232 或 RS-422 控制器。如果源设备缺少其中任何界面，仍然使用【捕捉】面板，就必须使用源设备的控件来提示、启动和停止源设备。

指定捕捉设置操作步骤如下。

1. 启动 Premiere Pro 2020，在欢迎窗口中选择【新建项目】选项，创建新项目。选择项目文件的保存路径，建立并保存一个新的项目文件，进入 Premiere Pro 2020 工作界面。
2. 检查数字摄像机或录像机与计算机的连接无误之后，选择菜单命令【文件】/【捕捉】，打开【捕捉】面板。在【记录】选项卡的【捕捉】下拉列表中有 3 个选项：选择【音频和视频】，同时采集音频和视频信号；选择【音频】，只采集音频信号；选择【视频】，只采集视频信号，如图 3-1 所示。

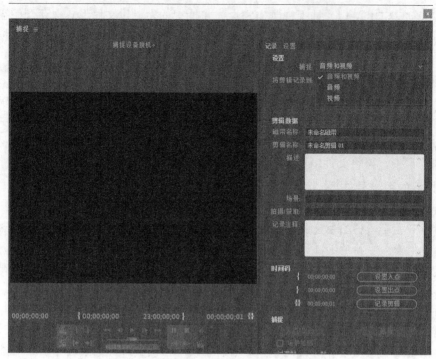

图3-1　【捕捉】面板中【记录】选项卡的参数设置

3. 切换到【设置】选项卡，在【捕捉位置】分组框可以通过单击 按钮选择视频和音频信号存放的文件夹位置，如图 3-2 所示。

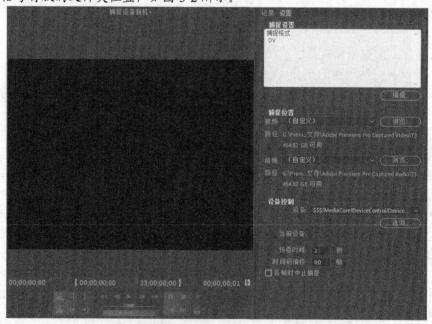

图3-2　【捕捉】面板中【设置】选项卡的参数设置

4. 在【设备控制】分组框中单击 选项 按钮，打开【DV/HDV 设备控制设置】对话框，如图 3-3 所示。该对话框中各参数的含义介绍如下。

图3-3 【DV/HDV 设备控制设置】对话框

- 【视频标准】：设置视频制式，有 PAL 制和 NTSC 制两种选择。
- 【设备品牌】：选择与设备相一致的厂家，以实现准确配套。如果没有合适的厂家选择，可以选择【通用】选项。
- 【设备类型】：针对【设备品牌】下拉列表中选择的不同厂家，可以进一步选择相应的设备型号，以便于遥控采集。如果没有相应的设备型号，选择【标准】选项也可以。
- 【时间码格式】：PAL 制只有"非丢帧"一种选择，而 NTSC 制则有"非丢帧""丢帧"和"自动检测"3 种选择。
- 检查状态 按钮：单击此按钮，如果出现【在线】，则说明前面的设置正确，检测到设备在线。如果出现【脱机】，则说明 DV 播放设备不在线，可能是前面的设置不正确，也可能是 DV 播放设备没有接通电源。
- 在线了解设备信息 按钮：单击此按钮，可以链接到 Adobe 公司的相关网页，查询 DV 播放设备的一些信息。

要点提示 DV 的数据率达 3.6MB/秒，所以一定要选择速度快、容量大的硬盘存储，否则采集过程中会出现丢帧，采集时间也会受到限制。

3.1.4 素材的捕捉

完成以上工作之后，就可以开始进行素材捕捉了。如果硬件支持设备控制，可以使用 Premiere Pro 遥控数字摄像机或录像机对视音频进行播放、停止、前进及后退等操作。【捕捉】面板中设备控制按钮及其功能如图3-4 所示，操作步骤如下。

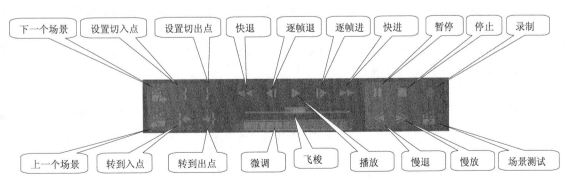

图3-4 【捕捉】面板中的设备控制按钮

1. 切换到【设置】选项卡，打开【设备控制】分组框中的【设备】下拉列表，选择

【DV/HDV 设备控制】选项。

2. 采用快进或快退的方法找到素材在 DV 相应的位置，然后单击录制按钮■■开始捕捉。在捕捉过程中，窗口上方会出现捕捉帧数和丢帧数。

3. 捕捉完毕后弹出【存储已捕捉素材】对话框，在其中输入素材名称"片段 1"，素材将自动出现在【项目】面板中并存储到硬盘。

这是采集 DV 视频最简单的方法，利用 DV 视频带有时码的特点，还可以实现更加精确的采集。为了能够做到这一点，在使用 DV 摄像机拍摄时，一定要保证时码的连续性。每次拍摄结束时多拍几秒，下次开机拍摄时先回退几秒，让 DV 摄像机读出原来的时码，使接下来的拍摄能够按原来的时码延续下去。

1. 接上例，设置入出点采集素材。使用设备控制按钮的各个按钮移动磁带上的视频信号到开始采集的位置后，单击设置切入点按钮■，再移动到采集结束的位置，然后单击设置切出点按钮■。

2. 采集结束后会出现【存储已捕捉素材】对话框，将素材命名为"片段 2"，然后单击 ■确定■ 按钮退出，所采集的素材就出现在【项目】面板并存储到硬盘。

在【捕捉】窗口中单击上方的【设置】选项，会打开一些和采集 DV 视频相关的设置内容，从中可以看出，这里将前面使用菜单命令进行的设置内容综合到了一起，因此有关设置也可以直接在这里进行。

为了保证捕捉的顺利进行，在捕捉过程中最好不要再启动其他应用程序，或者激活其他应用程序窗口从事别的工作。如果捕捉时【捕捉】窗口中的画面不流畅，也不要停止采集，一切以是否丢帧为准。如果出现丢帧，可以再次捕捉。另外要注意的是，Premiere Pro 2020 在捕捉中的场景检测功能，能够根据录像带上场景的不同自动分成几个文件，这在配合捕捉选项进行整盘录像带采集时非常有用。单击场景检测按钮■或在【记录】栏中勾选相应的选项就可以启用这项功能。

3.2　无磁带格式的素材导入

Premiere Pro 2020 可以直接从 DVCPRO HD、XDCAM HD、XDCAM EX 及 AVCHD 媒体中导入素材，而无须进行采集（采集的时间比传输时间更长，而且不会保留所有元数据），包括用于以下机型的视频格式：Panasonic P2 摄像机、Sony XDCAM HD 和 XDCAM EX 摄像机、Sony 基于 CF 的 HDV 摄像机及 AVCHD 摄像机。这些摄像机将素材录制到硬盘、光学媒体或闪存媒体中，而非录像带介质存储，因此将这些摄像机和格式称为基于文件式或无磁带式。将录制好的数字视频和音频加入 Premiere Pro 2020，并将其转换为可在项目中使用的格式，这一过程称为收录。

- XDCAM 和 AVCHD 格式：在 XDCAM HD 摄像机的 CLIP 文件夹中找到以 MXF 格式写入的视频文件。XDCAM EX 摄像机将 MP4 文件写入名为 BPAV 的文件夹。AVCHD 视频文件在 STREAM 文件夹中。

- P2 格式：P2 卡是固态存储设备，插入 P2 摄像机（如 AG-HVX200）的 PCMCIA 插槽。将 MXF 格式（媒体交换格式）的数字视频和音频数据录制到卡上。对于采用 DV、DVCPRO、DVCPRO 50、DVCPRO HD 或 AVC-I 格式的视频，Premiere Pro 2020 支持 Panasonic MXF 的 Op-Atom。如果素材的音频和视频包含在 Panasonic Op-Atom MXF 文件中，则素材采用的是 P2 格式，这些文件位于特定的文件结构中。P2 文件结构的根为 CONTENTS 文件夹，每个视频或音频项目都包含在单独的 MXF 文件中，视频 MXF 文件位于 Video 子文件夹中，音频 MXF 文件位于 Audio 子文件夹中。CLIP 子文件夹中的 XML 文件包含实质文件之间的关联，以及与这些文件相关的元数据。

 Premiere Pro 2020 不支持某些 Panasonic P2 摄像机在 P2 卡 PROXY 文件夹中录制的代理。要让计算机能够读取 P2 卡，可从 Panasonic 网站上下载相应的驱动程序。Panasonic 还提供 P2 Viewer 应用程序，借助它可以浏览并播放存储在 P2 卡上的媒体。要将特定功能用于 P2 文件，需将文件属性从只读更改为可读写。例如，要使用【时间码】对话框更改素材的时间码元数据，首先要使用操作系统文件管理器来更改文件属性，将文件属性设置为可读写。

- Avid 采集格式：Avid 编辑系统将素材采集至 MXF 文件夹，通常采集到 Avid Media files 的文件夹中，其中音频采集到与视频文件分开的单独文件夹中。在导入 Avid 视频文件时，Premiere Pro 2020 将自动导入其关联的音频文件。以 AAF 格式导入 Avid 项目文件比导入 Avid MXF 视频文件更为简便。
- DVD 格式：DVD 摄像机和 DVD 录放机将视频和音频采集到经 MPEG 编码后的 VOB 文件中。VOB 文件将会写入 VIDEO_TS 文件夹，也可将辅助音频文件写入 AUDIO_TS 文件夹。

Premiere Pro 2020 和 Premiere Elements 不可导入解密或加密的 DVD 文件。

3.3 素材的导入

素材的导入，主要是指将已经存储在计算机硬盘中的多种格式的素材文件导入【项目】面板中。【项目】面板相当于一个素材仓库，编辑节目所用到的素材都存放在其中。

3.3.1 【项目】面板

进入 Premiere Pro 2020 后，【项目】面板总会先出现一个默认的"序列 01"，如图 3-5 所示。该面板中各命令图标的含义介绍如下。

- 在只读与读/写之间切换项目：更改序列的只读和可读写模式。
- 切换当前视图为列表视图：以列表的形式显示素材。
- 切换当前视图为图标视图：以图标的形式显示素材。
- 从当前视图切换到自由视图：以图标的形式显示素材，同时可自由排列素材的位置。
- 缩小、放大：用于缩小、放大列表视图或图标视图。
- 排列图标：通过不同名称、类型对素材进行排列。
- 自动匹配序列：将素材自动添加到【时间轴】窗口序列中。
- 在项目中查找项：单击此按钮后打开一个【查找】窗口，可以通过该窗口输入相关条件寻找素材。

- 创建新素材箱■：增加一个素材箱文件夹，以便于素材的分类存放管理。
- 新建项■：执行后出现一个下拉菜单，用于增加新建分项，如图3-6所示。

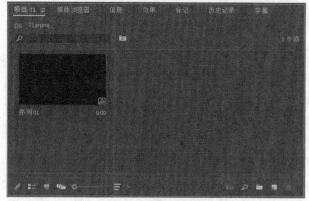

图3-5　【项目】面板

图3-6　【新建项】菜单

- 清除■：删除所选择的素材或文件夹。

> **要点提示**　选择菜单命令【文件】/【新建】，即可从下一级菜单中选择与【新建项】图标含义一样的菜单命令。

3.3.2　导入视频、音频

视频、音频素材是最常用的素材文件，可以采用以下方法导入。

- 选择菜单命令【文件】/【导入】，打开【导入】对话框，从中选择素材。
- 在【项目】面板的空白处双击鼠标左键，打开【导入】对话框，从中选择素材。
- 在【项目】面板的空白处单击鼠标右键，在弹出的快捷菜单中选择【导入】命令，打开【导入】对话框，从中选择素材。
- 选择菜单命令【文件】/【导入】，选择导入项目或文件夹时，它们所包含的素材也一并导入。
- 选择菜单命令【文件】/【导入】，弹出【导入】对话框，打开【所有支持的媒体】下拉列表，Premiere Pro 支持导入多种文件格式，如图 3-7 所示。

图3-7　Premiere Pro 支持导入的文件格式

和 Windows 下选择文件的方法一样，在【导入】对话框中，可以结合 Shift 键和 Ctrl 键同时选择多个文件，然后一次性导入，导入的视频、音频素材出现在【项目】面板中。

有的视频或音频文件不能被导入，可以安装相应的视频或音频解码器进行解码，对有些文件还需要进行格式转换。例如，CD 音频文件的格式是 CDA，这些音频文件需要先用音频软件（如 Audition）将它们转换成 WAV 格式的音频文件，然后再导入 Premiere Pro 中。

3.3.3 导入图像素材

图像素材是静帧文件，可以在 Premiere Pro 中被当作视频文件使用。导入图像素材的操作步骤如下。

1. 在【项目】面板中双击鼠标左键，弹出【导入】对话框。定位到本地硬盘"素材\国画.jpg"后，单击 打开(O) 按钮，将其导入 Premiere Pro 2020 的【项目】面板中，在【源】监视器视图中如图 3-8 所示。

图3-8 【源】监视器中的图片显示

2. 将图片"国画.jpg"拖曳到【时间轴】面板的【视频 1】轨道，可以在【节目】监视器视图中预览图片。由于图片的尺寸比项目设置的尺寸小，此时显示的图片不能全部铺满，如图 3-9 所示。

图3-9 【节目】监视器中的图片显示

3. 单击【工具】面板上的选择按钮▶，在【时间轴】面板中选中图片后，单击鼠标右键，在弹出的快捷菜单中选择【缩放为帧大小】命令，如图 3-10 所示，此时图片将全部铺满，如图 3-11 所示。

图3-10 选择【缩放为帧大小】命令

图3-11 调节图片显示比例

4. 也可以通过在【效果控件】面板中选择【运动】效果，调节图片的显示比例。

5. 单击【运动】特效左侧的▶图标，展开其参数面板。调节【缩放】值，可以对图像大小进行缩放，如图 3-12 所示。

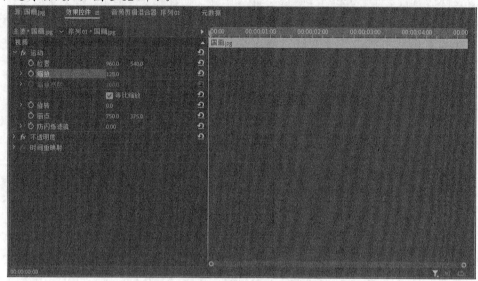

图3-12　设置图片的缩放比例

3.3.4　导入图像序列文件

图像序列文件是文件名称按数字序列排列的一系列单个文件。如果按照序列将图像序列文件作为一个素材导入，就必须勾选【图像序列】选项，系统自动将整体作为一个视频文件，否则只能输入一个图像文件。导入序列文件的操作步骤如下。

1. 在【项目】面板中双击鼠标左键，弹出【导入】对话框。定位到本地硬盘中的"素材\日出序列"文件夹，可以看到里面的文件名称是按数字序列排列的一系列文件，如图 3-13 所示。

2. 选中序列图像中的第 1 张图片，勾选【图像序列】复选框，然后单击 打开(O) 按钮，如图 3-14 所示。

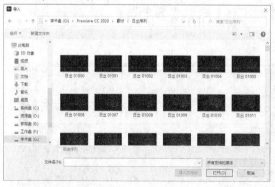

图3-13　序列素材　　　　　　　　　　　　图3-14　导入图像序列

3. 序列图片出现在【项目】面板中，它的图标显示与视频文件一样，而且后缀名与单张图片的后缀名一样，都是"*.jpg"，如图 3-15 所示。

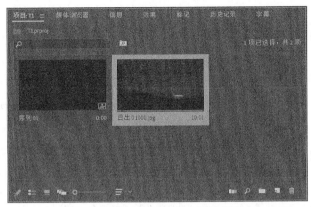

图3-15 【项目】面板中导入的序列图片

4. 在【项目】面板中双击导入的序列文件，使其显示在【源】监视器视图中。单击▶按
   钮，即可预览序列文件，如图 3-16 所示。

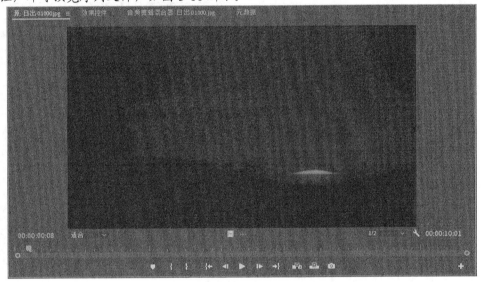

图3-16 预览序列文件

3.3.5 导入 PSD 图像文件

Premiere Pro 可以输入 Photoshop 制作的 "*.psd"
文件，"*.psd"文件与一般图像文件不同的是，PSD
图层文件包含了多个相互独立的图像图层。在 Premiere
Pro 2020 中，可以将图层文件的所有图层作为一个整体
导入，也可以单独导入其中的一个图层窗口进行处理，
如图 3-17 所示，各参数的含义如下。

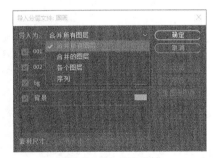

图3-17 导入 PSD 素材

- 【合并所有图层】：文件所有图层将被合并为
  一个整体导入。

- 【合并的图层】：将文件包含的图层有选择地
  合并导入。

55

- 【各个图层】：仅选择文件的某一个图层单独导入。
- 【序列】：将全部图层作为一个序列导入，并且保持各个图层的相互独立。

3.3.6　脱机文件的处理

脱机文件是一个占位文件，建立时它没有任何实际内容，以后必须用实际的素材替代。在节目编辑中，如果突然发现手头缺少一段素材，为了不影响后续编辑，就可以暂时使用离线文件进行编辑处理，等找到相关素材后进行链接即可。

1. 在【项目】面板中单击 按钮，在打开的下拉菜单中选择【脱机文件】命令，打开【新建脱机文件】对话框，如图 3-18 所示。

2. 单击 确定 按钮，打开【脱机文件】对话框，在【包含】下拉列表中选择【视频】选项，在【文件名】文本框中输入"日出 00"，然后按住鼠标左键在【媒体持续时间】的数值处拖动鼠标指针，将数值调整为"00:00:02:00"，即 2 秒，如图 3-19 所示。

图3-18　【新建脱机文件】对话框

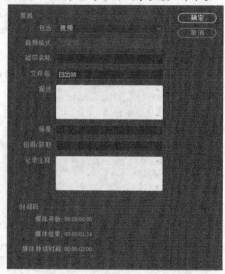

图3-19　【脱机文件】对话框

3. 单击 确定 按钮，在【项目】面板中就出现了一个离线素材"日出 00"。

4. 用鼠标右键单击【项目】面板中的素材"日出 00"，在弹出的快捷菜单中选择【链接媒体】命令，打开【链接媒体】对话框，如图 3-20 所示。

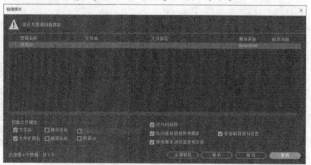

图3-20　【链接媒体】对话框

5. 单击 查找 按钮，在弹出的【查找文件】对话框中选择本地硬盘中的"素材\日出素材\日出 00.mov"文件,如图 3-21 所示。单击 确定 按钮,【项目】面板中的"日出 00"就有了具体的链接内容,其图标也发生了变化。

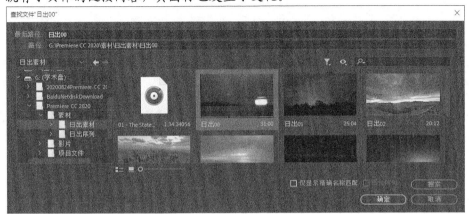

图3-21 查找文件

> **要点提示** 链接后可以看到"日出 00"素材的持续时间不再是 2 秒,而是采用了"日出 00.mov"的持续时间。

【链接媒体】对话框不仅在此时能被打开,当移动或删除了相应的文件后,Premiere Pro 2020 发现所链接的文件不存在时,也会打开这个对话框。

素材的输入过程只是在【项目】面板中建立起一个与硬盘上相应文件的链接,并没有改变硬盘上相应文件的物理位置,因此在【项目】面板中出现的素材只是指定系统在何处去寻找相应的文件,而且两者并不是一一对应的关系。【项目】面板中的一个素材只能与硬盘中的一个文件链接,但硬盘中的一个文件却可以和【项目】面板中的几个素材链接。

3.4 创建标准素材

标准素材是指编辑节目的过程中可以由 Premiere Pro 2020 自行制作的规范性素材,如送交电视台的录像带。正式的节目播放前,按照技术标准需要录制 1 分钟带标准音频的彩条信号,然后再录制 30 秒黑场,这些彩条信号、黑场及彩底等就是一些标准素材,黑场实际上就是一种特殊的彩底。

通过下面要介绍的实例,读者应该掌握彩条与音调、黑场、颜色蒙版、倒记时和透明视频素材的制作过程,掌握素材更名的方法。

一、彩条与音调

在制作节目的过程中,为了校准视频监视器和音频设备,常在节目前加上若干秒的彩条和 1kHz 的测试音。创建彩条的操作步骤如下。

1. 选择菜单命令【文件】/【新建】/【彩条】,如图 3-22 所示,或者单击【项目】面板下方的新建按钮 ,在弹出的菜单中选择【彩条】命令,如图 3-23 所示。这两种方法都可以在【项目】面板中创建一个彩条。

图3-22　通过菜单命令新建彩条

图3-23　通过【项目】面板新建彩条

2. 选择彩条，将其拖到【源】监视器面板，使其显示在【源】监视器视图中，单击播放按钮▶，可以对彩条进行预览，并能听到测试音，如图 3-24 所示。

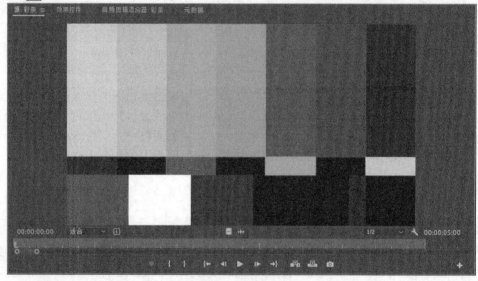

图3-24　预览彩条

二、 黑场视频

在节目中，有时候需要黑色的背景，这时可以通过创建黑场，生成与项目尺寸相同的黑色静态图片。创建黑场的操作步骤如下。

1. 选择菜单命令【文件】/【新建】/【黑场视频】，如图 3-25 所示，或者单击【项目】面板下方的新建按钮▣，在弹出的菜单中选择【黑场视频】命令，如图 3-26 所示。这两种方法都可以在【项目】面板中创建一个黑场视频。

2. 双击黑场素材使其显示在【源】监视器视图中，单击播放按钮▶，可以对黑场视频进行预览，持续时间为 5 秒，如图 3-27 所示。

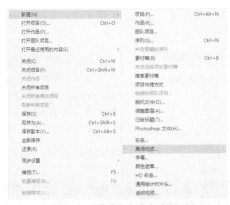

图3-25 通过菜单命令新建黑场视频

图3-26 通过【项目】面板新建黑场视频

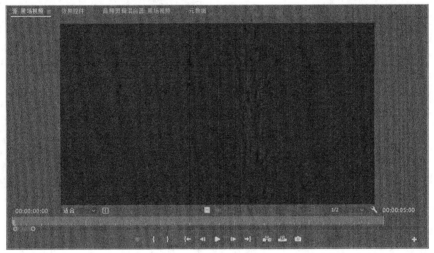

图3-27 预览黑场视频

三、 颜色遮罩

颜色遮罩与黑场视频相似，只不过可以是黑色以外的其他颜色。创建颜色遮罩的操作步骤如下。

1. 选择菜单命令【文件】/【新建】/【颜色遮罩】，或者单击【项目】面板下方的新建按钮 ，在弹出的菜单中选择【颜色遮罩】命令，弹出【新建彩色遮罩】对话框，如图 3-28 所示。单击 确定 按钮，弹出【拾色器】对话框，如图 3-29 所示。

图3-28 【新建彩色遮罩】对话框

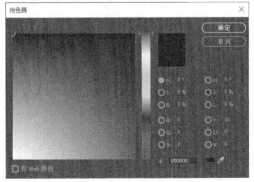

图3-29 【拾色器】对话框

2. 可以在【拾色器】对话框的颜色区域内选中一种颜色，对颜色进行微调后，单击 确定 按钮。

3. 弹出【选择名称】对话框，输入名称后，单击 确定 按钮，如图 3-30 所示。【项目】面板中便出现一个新建的颜色遮罩文件，默认持续时间为 5 秒。

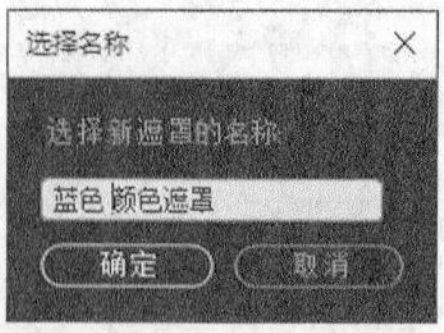

四、 倒计时

图3-30　输入颜色遮罩文件名称

有时需要在作品前添加一个倒计时效果，Premiere Pro 2020 可以轻松创建并自定义倒计时。创建倒计时的操作步骤如下。

1. 选择菜单命令【文件】/【新建】/【通用倒计时片头】，或者单击【项目】面板下方的新建按钮，在弹出的菜单中选择【通用倒计时片头】命令，在弹出的【新建通用倒计时片头】对话框中单击 确定 按钮，弹出【通用倒计时设置】对话框，如图 3-31 所示。

2. 在对话框中对倒计时各部分的属性进行设置后，单击 确定 按钮，即可在【项目】面板中创建一个倒计时文件。

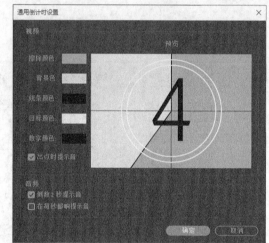

图3-31　【通用倒计时设置】对话框

五、 透明视频

若需对空轨道添加效果，则可以使用透明视频。

选择菜单命令【文件】/【新建】/【透明视频】，如图 3-32 所示，或者单击【项目】面板下方的新建按钮，在弹出的菜单中选择【透明视频】命令，如图 3-33 所示，即可在【项目】面板中创建一个透明视频。

图3-32　通过菜单命令新建透明视频

图3-33　通过【项目】面板新建透明视频

3.5　素材的管理

采集与导入素材后，素材便出现在【项目】面板中。【项目】面板会列出每一个素材的基本信息，用户可以对素材进行管理和查看，并根据实际需要对素材进行分类，以方便下一步的操作。

3.5.1　对素材进行基本管理

和 Windows 其他应用软件一样，在 Premiere Pro 的【项目】面板中可以对素材进行复制、剪切、粘贴及重命名等操作。管理素材的操作步骤如下。

1. 接上例。在【项目】面板中选中"日出 00.mov"后，选择菜单命令【编辑】/【重复】，会复制一个同样的视频素材到【项目】面板中，该素材的名称后面带有"复制01"字样，如图 3-34 所示。

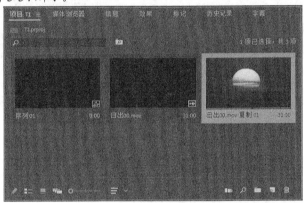

图3-34　重复视频素材

2. 选中复制的素材后，选择菜单命令【剪辑】/【重命名】，将其重命名为"太阳.mov"，如图 3-35 所示。

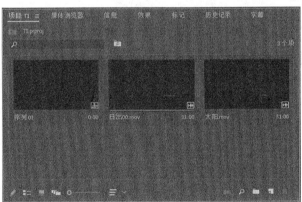

图3-35　重命名素材

3. 选中素材"太阳.mov"，可以使用以下 5 种方法将其删除。
(1) 选择菜单命令【编辑】/【清除】。
(2) 单击鼠标右键，在弹出的快捷菜单中选择【清除】命令。
(3) 按 BackSpace 键。
(4) 按 Delete 键。
(5) 单击【项目】面板下方的删除按钮 🗑 。
4. 选中任意一个素材，还可以对其进行剪切、复制、粘贴等操作，对应的快捷键分别是

$\boxed{\text{Ctrl}}+\boxed{\text{X}}$、$\boxed{\text{Ctrl}}+\boxed{\text{C}}$、$\boxed{\text{Ctrl}}+\boxed{\text{V}}$ 组合键。

3.5.2 预览素材内容

通过预览可以了解每一个素材中的内容，还可以对每一个素材进行标识。预览素材的操作步骤如下。

1. 接上例。按住 $\boxed{\text{Ctrl}}$ 键拖曳【项目】面板，解除面板的停靠，使其变成浮动面板，拖曳【项目】面板边界将其拉大，在列表视图下可以看到每段素材的持续时间、入点、出点和视音频信息等，如图 3-36 所示。

图3-36 使【项目】面板变成浮动面板并拖曳其边界

2. 单击 ▣ 按钮，将素材以图标视图模式排列，如图 3-37 所示。
3. 用鼠标拖曳素材缩略图下方的时间滑块，可以在【项目】面板中预览视频片段，如图 3-38 所示。

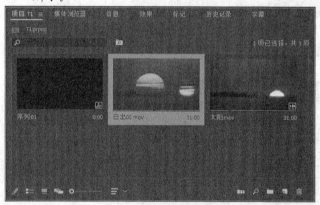

图3-37 图标视图模式排列

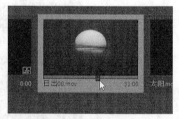

图3-38 预览视频片段

3.5.3 建立素材文件夹

在【项目】面板中创建素材箱文件夹，可以像 Windows 操作系统中的文件夹一样对项目中的内容进行分类管理。分类的方法一般有两种，一种是按照素材的内容分类，另一种是按照素材的类型分类。两种分类的操作方法相似，这里根据素材的内容分类，操作步骤如下。

1. 单击 ▣ 按钮，在【项目】面板中新建一个素材箱文件夹，命名为"新建素材"，尝试在【项目】面板中将一些素材拖曳到素材箱"新建素材"中，如图 3-39 所示。
2. 双击"新建素材"素材箱，在打开的【素材箱:新建素材】面板中可见被移到其中的所有素材，如图 3-40 所示。

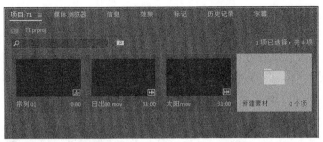

图3-39　拖曳素材到"新建素材"素材箱

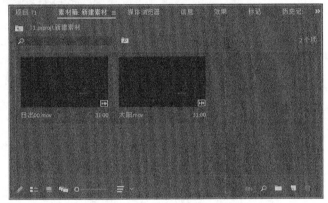

图3-40　【素材箱：新建素材】面板

在内容繁多的项目中，可以使用素材箱分类存储的方法来强化对素材的管理，掌握建立素材箱管理素材的基本方法很有实际意义。将一个项目文件可以输入到其他项目中，为模块化编辑节目提供了保证，能够大大提高工作效率。比如，要编辑的节目比较庞大复杂，就可以先将它分成几个小项目分别进行制作，最后再将这些项目输入到一个项目中合成输出。

3.5.4　设定故事板

故事板是一种以照片或手绘的方式形象地说明情节发展和故事概貌的分镜头画面组合。在 Premiere Pro 2020 中，可以将【项目】面板的素材缩略图作为故事板，协助编辑者完成粗编，操作步骤如下。

1. 接上例。在"新建素材"素材箱中，可以将素材按照一定的顺序排列起来，如图 3-41 所示。

2. 在【时间轴】面板中拖曳时间指针到要放置素材的位置。按住 Shift 键，将【素材箱：新建素材】面板中的素材全部选中，然后单击面板下方的 按钮，弹出【序列自动化】对话框，如图 3-42 所示。

【序列自动化】对话框中的常用参数介绍如下。

- 【顺序】：该下拉列表中有两个选项，若选择【排序】，则按照【项目】面板中的排列顺序放置；若选择【选择顺序】，则按照选择素材的顺序放置。

- 【方法】：该下拉列表中有两个选项，若选择【插入编辑】，则【时间轴】面板上已有的素材向右移动；若选择【覆盖编辑】，则替换【时间轴】面板上已有的素材。

- 【剪辑重叠】：设置默认过渡的帧数或秒数，若设置为"30 帧"，则意味着

63

相邻素材各叠加 15 帧。

- 【过渡】：若勾选【应用默认音频过渡】和【应用默认视频过渡】复选框，则将为相邻的两段素材添加默认的交叉溶解过渡效果，取消勾选则无过渡效果。
- 【忽略选项】：若勾选【忽略音频】复选框，则不放置音频；若勾选【忽略视频】复选框，则不放置视频。

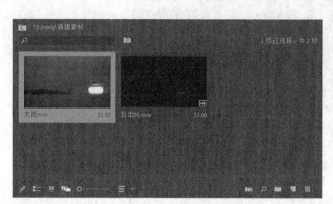

图3-41　排列素材

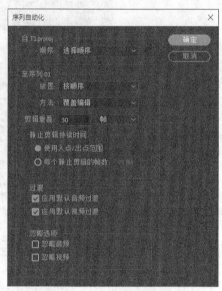

图3-42　【序列自动化】对话框

3. 在【序列自动化】对话框中设置【剪辑重叠】为"0"，取消对【过渡】分组框中复选框的勾选，其余参数设置如图 3-43 所示，然后单击 确定 按钮，退出对话框。

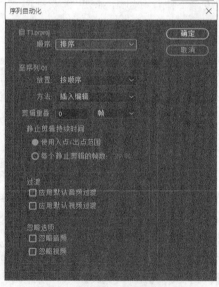

图3-43　设置【序列自动化】对话框

4. 在【时间轴】面板中，按照素材在【项目】面板上的顺序放置了一系列视频素材，这样可以完成序列的粗编，如图 3-44 所示。

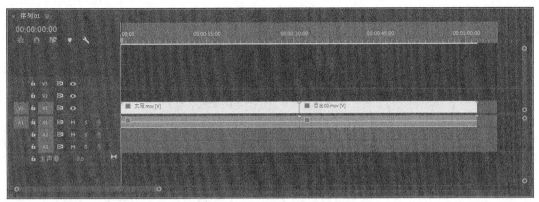

图3-44 放置视频到【时间轴】面板

3.6 小结

在 Premiere Pro 2020 中编辑作品，首先要捕捉和导入各种各样的素材。本章主要介绍了如何从数字摄像机或录像机上捕捉视音频，如何导入各种格式的视音频文件、图形图像文件，以及在【项目】面板中如何对它们进行管理。本章内容非常重要，熟练运用 Premiere Pro 2020 进行节目制作，是科学、合理、高效地开展编辑工作的前提。本章介绍的一些经验技巧也非常实用，读者可以在实践中认真体会。

3.7 习题

一、 简答题

1. 导入素材可以采用哪些方法？
2. 【项目】面板有什么作用？

二、 操作题

1. 从数字摄像机上或录像机上捕捉一段视音频素材。
2. 新建一个项目文件，尝试视频文件、图像文件、序列文件等不同素材的导入。
3. 导入需要的素材，利用【项目】面板的自动匹配序列功能进行粗编。

第4章　序列的创建与编辑

序列是依据预先的设计构思，在【时间轴】面板上编辑完成的视频、音频素材的组合。可以先在【源】监视器视图进行素材编辑，设置入点、出点后，通过插入编辑、覆盖编辑的方式将素材放入【时间轴】面板，也可以在【时间轴】面板中对素材进行各种编辑操作。

【教学目标】
- 掌握建立和管理序列的方法。
- 掌握在【源】监视器面板中编辑素材的方法。
- 掌握在【时间轴】面板中编辑素材的方法。
- 掌握【工具】面板中各种工具的使用方法。
- 掌握镜头组接的编辑技巧。

4.1　建立和管理节目序列

在 Premiere Pro 2020 中，序列是在【时间轴】面板上编辑完成的视频、音频素材的组合。在一个【时间轴】面板中编辑好一组视频、音频素材，将它们按一定的位置和顺序排列，就成为一个序列，序列最终将渲染输出成影片。

在一个项目中可以创建多个序列，编辑制作较大的影视节目时，可以根据内容分为多个段落，每个段落都可以使用一个序列进行编辑，这样既能使制作思路清晰，也能起到事半功倍的作用。

序列在【项目】面板中进行管理，创建好的所有序列都会出现在【项目】面板中。创建新序列的方法有两种：一种是单击【项目】面板下方的新建分类按钮 ，在弹出的菜单中选择【序列】命令；另一种是选择菜单命令【文件】/【新建】/【序列】。在【新建序列】对话框的【序列名称】文本框中输入文字，可改变新序列的名称。

在一个项目文件中创建两个序列

1. 启动 Premiere Pro 2020，新建项目文件"T4"。选择菜单命令【文件】/【新建】/【序列】，在弹出的【新建序列】对话框中选择"DV-PAL/宽屏 48kHz"预设，序列名称设置为"序列 01"，单击 确定 按钮，在【项目】面板中出现了"序列 01"。

2. 选择菜单命令【文件】/【导入】，定位到本地硬盘中的"素材\海底世界素材"文件夹，导入文件"海底世界 01.mp4""海底世界 02.mp4""海底世界 03.mp4""海底世界 04.mp4""海底世界 05.mp4""海底世界 06.mp4""海底世界 07.mp4"及"海底世界 08.mp4"，导入素材后的【项目】面板如图 4-1 所示。

3. 选中【项目】面板中的"海底世界 01.mp4"，将其拖曳到"序列 01"【时间轴】面板的【V1】轨道，与【V1】轨道的左端对齐，在弹出的【剪辑不匹配警告】对话框中单

击 [更改序列设置] 按钮，如图4-2所示。再分别选择【项目】面板中的"海底世界 02.mp4"
"海底世界 03.mp4"及"海底世界 04.mp4"，将它们拖曳至【时间轴】面板已有素材
的后面并依次排列，这样就为"序列 01"添加了素材，如图4-3所示。

图4-1 导入素材后的【项目】面板　　　　　　　　图4-2 【剪辑不匹配警告】对话框

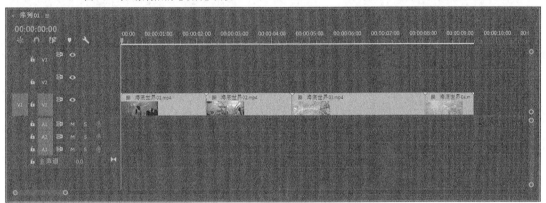

图4-3 "序列 01"的【时间轴】面板

4. 单击【项目】面板下方的新建项按钮 ，在弹出的菜单中选择【序列】命令，弹出
【新建序列】对话框，单击 [确定] 按钮，添加"序列 02"。单击【项目】面板下
方的列表视图按钮 ，切换当前视图为列表视图，如图 4-4所示。

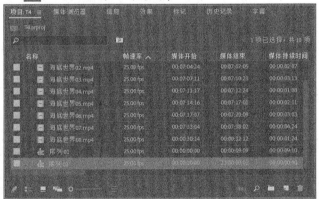

图4-4 【项目】面板中新增的"序列 02"

5. 观察【时间轴】面板，可见增加了一个"序列 02"的【时间轴】面板，在视频轨道上

没有任何素材。分别选中【项目】面板中的"海底世界 05.mp4""海底世界 06.mp4"
"海底世界 07.mp4"及"海底世界 08.mp4",将它们依次拖曳到【时间轴】面板的
【V1】轨道上,如图 4-5 所示。

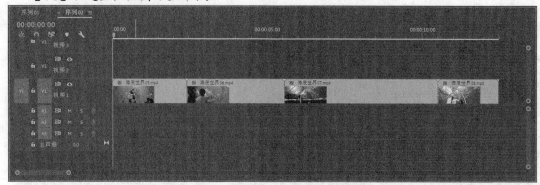

图4-5　"序列 02"的【时间轴】面板

从以上操作可看出,"序列 01"和"序列 02"是两个独立的【时间轴】面板,可以互
不影响、独立编辑各自不同的素材内容。

 要在【时间轴】面板中编辑不同的序列,需要先将该序列激活。切换到不同序列的【时间
轴】面板有两种方法:一是双击【项目】面板中相应的序列,二是切换【时间轴】面板上方
的序列选项卡。被激活序列的【时间轴】面板,序列名称会被点亮,同时序列名称下方出现
白色下划线,表示正在当前【时间轴】面板进行编辑。

4.2　监视器的使用

利用监视器可以实现视频、音频素材及节目效果的播放,还可设置素材的入点、出点,
检查视频信号指标,设置标记,迅速预演编辑的节目等。

4.2.1　监视器的显示模式

监视器分为两部分,通常左边为【源】监视器面板,显示源素材;右边为【节目】监视
器面板,显示编辑后的节目,如图 4-6 所示。监视器具有多种功能,其显示模式也有多种,
用户可根据个人的编辑习惯和需要进行调整。

图4-6　监视器面板

单击【源】监视器面板右上角的███按钮或视图右下角的███按钮,打开图 4-7 所示的快

捷菜单，利用该菜单可以改变源视图的显示，以满足不同需求。其中常用命令的含义介绍如下。

图4-7　【源】监视器设置菜单

- 【绑定源与节目】：将【源】监视器与【节目】监视器绑定，播放素材时节目也会在【节目】监视器中播放，这样有利于判断素材是否适合替换节目中的内容。
- 【合成视频】：显示合成视频图像，即平常看到的视频图像。
- 【Alpha】：显示素材的 Alpha 通道。
- 【显示第一个场】：单屏显示，仅显示源视图或节目视图。
- 【显示第二个场】：使素材中的音频和视频都有效。
- 【显示双场】：双屏显示。
- 【回放分辨率】：设置播放时素材的分辨率。
- 【暂停分辨率】：设置暂停时素材的分辨率。
- 【循环】：循环播放素材。
- 【显示传送控件】：按照播放情况，自动调整素材的分辨率。
- 【显示音频时间单位】：时间显示采用音频采样单位。
- 【显示标记】：隐藏或显示持续时间和类型等信息。
- 【显示丢帧指示器】：【源】监视器和【节目】监视器都可选择显示图标（重新组合"停止灯"），用于指示回放期间是否丢帧。该灯起始时为绿色，在发生丢帧时变为黄色，并在每次回放时重置。要为【源】监视器和【节目】监视器启用丢帧指示器，可在面板菜单或【设置】菜单中启用【显示丢帧指示器】。
- 【时间标尺数字】：默认情况下，时间标尺数字不显示。选择【时间标尺数字】命令，可打开时间标尺数字。
- 【安全边距】：显示安全区，以指示能够在电视机上完全显示出来的区域。

单击【节目】视图右上角的 ◫ 按钮或节目视图右下角的 🔍 按钮，会打开与图 4-7 类似的快捷菜单，利用该菜单可以改变节目视图的显示，以满足不同需求。相关命令可以参见上面的解释，部分不同的命令解释如下。

- 【绑定到参考监视器】：将节目面板与【参考监视器】窗口绑定，使【参考监视器】窗口能够随时与节目内容的变化同步。
- 【编辑期间时间码叠加】：在【节目】监视器面板菜单中选择【编辑期间时间码叠加】命令，复选标记表示该命令已被选中。
- 【隐藏字幕显示】：可将字幕隐藏起来。

4.2.2　【源】监视器面板

为方便编辑工作，监视器一般为双屏显示。为了保证素材能够出现在【源】监视器面板中，需要将素材加入【源】监视器面板。下面通过一个实例讲解如何加入素材，操作步骤如下。

1. 接上例。在【项目】窗口中的素材"海底世界 01.mp4"上双击鼠标左键，使其加入【源】监视器面板中。
2. 在【项目】窗口中用鼠标左键将"海底世界 02.mp4"素材直接拖曳到【源】监视器面板中，这样"海底世界 02.mp4"素材也被加入【源】监视器面板中。
3. 在"序列 02"的【时间轴】面板中双击"海底世界 05.mp4"素材，此素材也被加入【源】监视器面板中。
4. 素材进入【源】监视器面板后，单击【源】监视器面板标签旁的██按钮，进入【源】监视器面板中的素材被列出来，如图 4-8 所示。从中选择哪个素材，哪个素材就可以显示。选择【关闭】命令，正在显示的素材就被关闭。选择【全部关闭】命令，所有进入【源】监视器面板中的素材都被关闭。

图4-8　显示加入的素材

> **要点提示**　从图 4-8 中可以看出，在【时间轴】面板中双击显示的素材，前面带有相应的序列名称，与另外两个素材名称有所不同。

5. 如果【项目】窗口中有素材箱，可以按住鼠标左键将素材箱拖曳到【源】监视器面板中，单击【源】监视器面板标签旁的██按钮，素材箱中的所有素材都被列出来。
6. 在【项目】窗口中用鼠标右键单击"海底世界 03.mp4"素材，从弹出的快捷菜单中选择【在源监视器中打开】命令，"海底世界 03.mp4"素材将加入【源】监视器面板中。

4.2.3　使用监视器面板中的工具

在【源】监视器面板和【节目】监视器面板的下方都有相似的工具，如图 4-9 所示。利用这些工具可以控制素材的播放，确定素材的入点、出点后，再把素材加入【时间轴】面板中，还可以给素材设定标记等，常用工具的功能介绍如下。

图4-9　监视器窗口下方的工具

- 按钮：从快捷菜单选项中选择素材显示的大小比例。
- ![按钮]按钮：这两个按钮是同一个按钮的不同显示方式。第 1 个是视频，第 2 个是音频，单击该按钮会在这两者间转换，以决定处理哪一部分。
- ![1/2]按钮：选择播放分辨率。
- 设置按钮![图标]：显示快捷设置菜单。
- 添加标记按钮![图标]：将播放位置设为一个非数字标记，非数字标记是指标记上没有任何数字标示。
- ![图标]和![图标]按钮：设置素材入点和出点。
- ![图标]和![图标]按钮：跳到素材入点和跳到素材出点。
- ![图标]和![图标]按钮：前进一帧和后退一帧。
- ![图标]和![图标]按钮：播放和停止按钮，两者是切换关系。按空格键也能实现相同的功能。
- 插入按钮![图标]：将【源】监视器面板中的当前素材插入【时间轴】面板的所选轨道上。
- 覆盖按钮![图标]：将【源】监视器面板中的当前素材覆盖【时间轴】面板的所选轨道上。
- 导出帧按钮![图标]：导出单帧。

单击编辑器按钮![图标]，如图 4-10 所示，打开【按钮编辑器】菜单，利用该菜单可以设置常用工具的选项。

- ![图标]和![图标]按钮：清除入点和清除出点。
- ![图标]按钮：播放入点到出点的视频。
- ![图标]和![图标]按钮：转到下一标记和转到前一标记。
- ![图标]按钮：播放临近区域的视频。
- ![图标]按钮：循环播放按钮。
- ![图标]按钮：显示安全区域。

图4-10　【按钮编辑器】菜单

- ![重置布局]按钮：单击该按钮，可恢复系统默认的按钮布局。

4.2.4　在【节目】监视器中设置入点和出点

在【节目】监视器中设置入点和出点，操作步骤如下。

1. 在【项目】面板中用鼠标左键双击素材"海底世界 03.mp4"，在【源】监视器面板中显示素材"海底世界 03.mp4"。Premiere Pro 提供了几种不同的方法精确定位素材，如要将一段素材停留在"00:00:01:08"处,可以使用以下几种方法。

- 拖曳时间指针,同时结合 ▶ 和 ◀ 按钮向前、向后逐帧移动,注意控制【源】监视器面板左下方的【播放指示器位置】,使其停留在"00:00:01:08"处。
- 单击【源】监视器面板左下方的【播放指示器位置】,将原来的时间码数值选中,直接输入"0108"后按 Enter 键,【播放指示器位置】显示"00:00:01:08",时间指针停留在"00:00:01:08"处。

> 尝试在【播放指示器位置】输入"33"后按 Enter 键,会显示为"00:00:01:08",也就是 33 帧。如果项目设置的是 NTSC 制,【播放指示器位置】将显示为"00:00:01:03",因为 NTSC 制下是每秒为 30 帧,而 PAL 制下是每秒 25 帧。

2. 将时间指针定位到"00:00:01:08"处,单击 ◄ 按钮设置入点。
3. 将时间指针定位到"00:00:03:02"处,单击 ► 按钮设置出点,如图 4-11 所示。

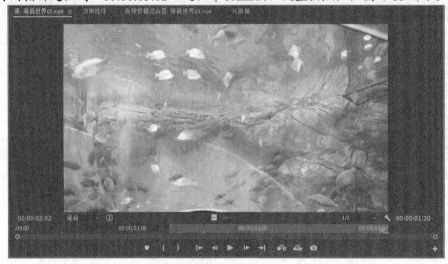

图4-11 设置【源】监视器中素材的入点与出点

> 此时在时间标尺上出现一段发亮区域,标明了截取素材视频的那一部分。

4. 单击 ▶ 按钮,在【源】监视器中播放入点至出点的视频内容,也可以通过单击 ◄ 和 ► 按钮分别跳转到入点和出点。
5. 观察【源】监视器右下方的【入点/出点持续时间】显示器,素材长度已经由原来的"00:00:03:13"变为"00:00:01:20",这时的持续时间是指从入点至出点的时间长度。

> 要删除已经设置的入点和出点,可以在时间指针上单击鼠标右键,在弹出的快捷菜单中选择【清除入点和出点】【清除入点】或【清除出点】命令,或者按 Ctrl+I 组合键清除入点,按 Ctrl+O 组合键清除出点,或者选择菜单命令【标记】/【清除入点和出点】/【清除入点】或【清除出点】,都可以将入点或出点清除。

4.3 影片视音频编辑的处理技巧

镜头是影片最基本的组成单元,而编辑的关键在于处理镜头与镜头之间的关系,好的编辑能够使镜头的连接变得顺畅、自然，既能简洁明了地叙事，又具有丰富的表现力和感染力。视频编辑出来的影片效果，跟编辑人员的文化修养、审美情趣及视频所要表现的主题等有密切关系，其他都是辅助手段。本节要介绍几种具体的编辑技巧和原则，认真揣摩和钻研这些技巧能够帮助初学者理解镜头的组成与编辑方式，但是要想真正编辑出流畅的影片，除了多观摩、学习之外，更重要的是在具体的操作与实践中提高能力和积累经验。

4.3.1 镜头的组接原则和方法

镜头的组接必须符合观众的思想方式和影视表现规律，要符合思维逻辑。做影视节目要表达的主题与中心思想一定要明确，在此基础上才能根据观众的心理要求，即思维逻辑选用镜头，并将它们组合在一起。

镜头画面的组接除了采用光学原理的手段以外，还可以通过衔接规律让镜头之间直接切换，使情节更加自然、顺畅，下面介绍几种有效的组接方法。

(1) 连接组接。

相连的两个或两个以上的一系列镜头表现同一主体的动作。

(2) 队列组接。

对于相连镜头但不是同一主体的组接，由于主体的变化，下一个镜头主体的出现，观众会联想到上下画面的关系，起到呼应、对比、隐喻、烘托的作用，往往能够创造性地揭示出一种新的含义。

(3) 黑白格的组接。

黑白格的组接是为了造成一种特殊的视觉效果，如闪电、爆炸、照相馆中的闪光灯效果等。组接的时候可以将需要的闪亮部分用白色画格代替，在表现各种车辆相接的瞬间组接若干黑色画格，或者在合适的时候采用黑白相间画格交叉，有助于加强影片的节奏、渲染气氛、增强悬念。

(4) 两级镜头组接。

两级镜头组接是由特写镜头直接跳切到全景镜头或从全景镜头直接切换到特写镜头的组接方式。这种方法能使情节的发展在动中转静或在静中变动，给观众的直接观感极强，节奏上形成突如其来的变化，产生特殊的视觉和心理效果。

(5) 闪回镜头组接。

用闪回镜头，如插入人物回想往事的镜头，这种组接技巧可用来揭示人物的内心变化。

(6) 同镜头分析。

同镜头分析是将同一个镜头分别在几个地方使用。运用该种组接技巧，往往是因为所需要的画面素材不够；或者是有意重复某一镜头，用来表现某一人物的情丝和回忆；或者是为了强调某一画面所特有的象征性的含义，以引发观众的思考；或者是为了造成首尾相互接应，从而达到艺术结构上的完整。

(7) 拼接。

有些时候，在户外虽然拍摄多次，拍摄的时间也相当长，但可以用的镜头却很短，达不到需要的长度和节奏。在这种情况下，如果有同样或相似内容的镜头，就可以把它们当中可用的部分组接，以达到节目画面必需的长度。

(8) 插入镜头组接。

插入镜头组接是在一个镜头中间切换，插入另一个表现不同主体的镜头。如一个人正在马路上走着或坐在汽车里向外看，突然插入一个代表人物主观视线的镜头（主观镜头），以表现该人物意外地看到了什么和直观感想或引起联想的镜头。

(9) 动作组接。

动作组接是借助人物、动物、交通工具等移动物体的动作和动势，通过利用其动作的连贯性、相似性及可衔接性，将两组镜头进行组接的转换手段。

(10) 特写镜头组接。

特写镜头组接是上个镜头以某一人物的某一局部（头或眼睛）或某个物件的特写画面结束，然后从这一特写画面开始，逐渐扩大视野，以展示另一情节的环境。目的是为了在观众注意力集中在某一个人的表情或某一事物的时候，在不知不觉中就转换了场景和叙述内容，而不使人产生陡然跳动的不适合之感。

(11) 景物镜头的组接。

景物镜头的组接是在两个镜头之间借助景物镜头作为过渡，其中有以景为主、物为陪衬的镜头，可以展示不同的地理环境和景物风貌，也可以表示时间和季节的变换，是以景抒情的表现手法。此外，还有以物为主、景为陪衬的镜头，这种镜头往往作为镜头转换的手段。

(12) 声音转场。

声音转场是用解说词转场，这个技巧一般在科教片中比较常见。用画外音和画内音互相交替转场，像一些电话场景的表现，此外还有利用歌唱来实现转场的效果，并且利用各种内容换景。

(13) 多屏画面转场。

多屏画面转场有多画屏、多画面、多画格和多屏幕等多种叫法，是近代影片影视艺术的新手法。把屏幕一分为多，可以使双重或多重的情节齐头并进，大大压缩了时长。

镜头的组接技法多种多样，按照创作者的意图，根据情节的内容和需要而创造，没有具体的规定和限制。在具体的后期编辑中，可以尽量根据情况发挥，但不要脱离实际。

4.3.2　声音的组合形式及其作用

在影片中，声音除了与画面内容紧密配合以外，运用声音本身的组合也可以显示声音在表现主题上的重要作用。

(1) 声音的并列。

声音的并列是几种声音同时出现，产生一种混合效果，用来表现某个场景，如表现繁华大街上的车声及人声等。并列的声音应该有主次之分，要根据画面适度调节，把最有表现力的部分作为主旋律。

(2) 声音的对比。

声音的对比是将含义不同的声音按照需要同时安排出现，使它们在鲜明的对比中产生反衬效应。

(3) 声音的遮罩。

声音的遮罩是在同一场面中，并列出现多种同类的声音，有一种声音突出于其他声音之上，引起人们对某种发声体的注意。

（4） 接应式声音交替。

接应式声音交替是用同一种声音的此起彼伏、前后相继，为同一动作或事物进行渲染，经常用来渲染某一场景的气氛。

（5） 转换式声音交替。

转换式声音交替是采用两组在音调或节奏上近似的声音，从一种声音转化为两种声音。如果转化为节奏上近似的音乐，则既能在观众的印象中保持音响效果所造成的环境真实性，又能发挥音乐的感染作用，充分表达一定的内在情绪。同时，由于节奏上的近似，在转换过程中给人以一气呵成的感觉，这种转化效果有一种韵律感，容易记忆。

（6） 声音与静默交替。

无声是一种具有积极意义的表现手法，在影视片中通常作为恐惧、不安、孤独、寂静及人物内心空白等气氛和心情的烘托。它可以与有声在情绪上和节奏上形成明显的对比，具有强烈的艺术感染力。如在暴风雨后的寂静无声，会使人感到时间的停顿、生命的静止，给人以强烈的感情冲击，但这种场景在影片中不能太多；否则会降低节奏，失去感染力，让人产生烦躁的主观情绪。

4.4 在【时间轴】面板中进行编辑

【时间轴】面板实际上是 Premiere Pro 2020 的编辑台，大部分的非线性编辑工作都在这里完成，如图 4-12 所示。【时间轴】面板与【序列】相对应，每个【序列】都有自己独立的【时间轴】面板，但为了节省空间、方便转换，一般多个【序列】组合显示在一个窗口中。轨道分为视频（V）和音频（A）两大部分，在轨道上按时间顺序图形化显示每个素材的位置、持续时间及各个素材之间的关系，将鼠标指针放到视频名称与音频名称之间的区域时，鼠标指针会变成上下双箭头➡表示，上下拖动鼠标就可以调整视频轨道与音频轨道占据的区域。如果将鼠标指针放到视频轨道（或音频轨道）之间，上下拖动鼠标会调整单个轨道的高度，其中的图形化素材就会有所变化。当将鼠标指针放到轨道名称与轨道区之间的竖线附近时，鼠标指针会变成横向双箭头➡表示，左右拖动鼠标会调整这两个区域占据的比例。

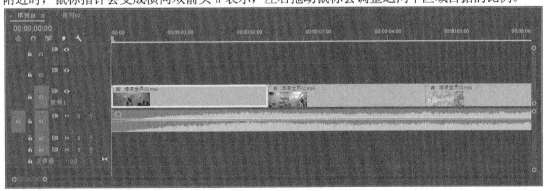

图4-12　【时间轴】面板

从图 4-12 中可以看出，【时间轴】面板分为上下两个部分，上部是视频编辑轨道（V1、V2、V3），下部是音频编辑轨道（A1、A2、A3），默认情况下视频和音频各有 3 条轨道。在实际操作中，可根据需要增加或减少视频、音频轨道。【时间轴】面板分为左右两个区域，左边为轨道的操作区，右边为各轨道中素材的编辑区。

4.4.1　基本编辑工具

【工具】面板中有用于编辑素材的所有工具，如图 4-13 所示。要使用其中的某个工具时，在【工具】面板中单击，将其选中，移动鼠标指针到【时间轴】面板中该工具的上方，鼠标指针会变为该工具的形状，并在工作区下方的提示栏显示相应的编辑功能。

图4-13　【工具】面板

工具栏中每一种工具的主要功能介绍如下。

- 选择工具：可以选择并移动轨道上的素材。单击 按钮后，如果将鼠标光标移动到素材的边缘，鼠标光标会变为指针形状，此时按住鼠标左键拖动边缘可以调整素材的长短，达到裁剪素材的目的。按住 Shift 键，通过 工具可以选择轨道上的多个素材，在轨道空白处按住鼠标左键拖曳出一个方框，所有接触到方框的素材均被选择。默认状态下， 工具一直处于激活状态。

- 向前选择轨道工具：使用 工具在轨道上单击，可选择所单击位置上单个轨道右端所包含的所有素材；按住 Shift 键在轨道上单击，可选择所单击位置右端所有轨道上的素材。

- 波纹编辑工具：使用 工具拖曳一段素材的左右边界时，可改变该素材的入点或出点。相邻的素材随之调整在时间轴上的位置，入点和出点不受影响。使用 工具调整之后，影片的总时间长度将发生变化。

- 剃刀工具：使用 工具在素材上单击，可以将一个素材分割为两个素材。按住 Shift 键在素材上单击，则变成多重剃刀工具，可将所单击位置处不同轨道上的多个素材分割开。

- 外滑工具：选择该工具，往左拖动素材，使它的出点和入点同步提前，往右拖动使素材的出点和入点同步推后，整个素材的持续时间不变，素材在节目中的位置也不变。

- 钢笔工具：使用 工具可以在【节目】监视器中绘制和修改遮罩。用【钢笔】工具还可以在【时间轴】面板中对关键帧进行操作，但只可以沿垂直方向移动关键帧的位置。

- 手形工具：可以滚动【时间轴】面板中的素材，使那些未能显示出来的素材显示出来。

- 文字工具：使用 工具可以直接在视频中加入字幕。

4.4.2　【时间轴】面板中的基本操作

将素材放入【时间轴】面板，最简便的方法就是选中素材后，按住鼠标左键将素材从其他窗口拖到【时间轴】面板，然后释放鼠标左键，确定素材所处的轨道和在轨道中所处的位置，这是前面的讲述中多次采用的方法。需要注意的是：拖动时鼠标指针显示为 形状，表示覆盖方式；按住 Ctrl 键拖动鼠标时鼠标指针显示为 形状，表示插入方式。

下面将介绍在【时间轴】面板中常用的基本操作。

1.　接上例。单击【项目】面板右下角的 按钮，在打开的下拉菜单中选择【序列】命令，新建一个"序列03"。

2. 将鼠标指针放到【时间轴】面板左侧的【V3】轨道上，单击鼠标右键，弹出图 4-14 所示的快捷菜单。

    -   【重命名】：为选中的轨道重新命名。
    -   【添加轨道】：选择该命令，弹出【添加轨道】对话框，根据需要设置要增加的轨道数目和放置位置。
    -   【删除轨道】：选择该命令，弹出【删除轨道】对话框，根据需要选择要删除的轨道。

3. 选择【删除轨道】命令，弹出【删除轨道】对话框，如图 4-15 所示。

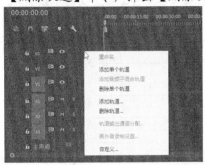

图4-14　轨道的快捷菜单

图4-15　【删除轨道】对话框

(1) 勾选【删除视频轨道】复选框，在【所有空轨道】下拉列表中选择【视频 3】，然后单击 确定 按钮退出对话框。【时间轴】面板中的【V3】轨道被删除。

(2) 双击【V1】轨道，展开【V1】轨道。在【V1】轨道名称上单击鼠标右键，在弹出的快捷菜单中选择【重命名】命令，输入"动态视频"。用同样的方法将【V2】轨道重命名为"静态图像"。

(3) 选择【项目】面板中的"海底世界.mp4"，按住鼠标左键将其拖曳至"动态视频"轨道左侧，如图 4-16 所示。

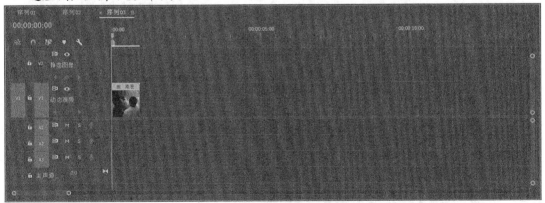

图4-16　将素材放入选中的视频轨道

4. 按住鼠标左键左右拖曳面板左下方的 滑块，将视图缩放到合适大小。

5. 在【项目】面板中添加素材"国画.jpg"，将其拖曳至"静态图像"轨道，与轨道左端对齐，如图 4-17 所示。

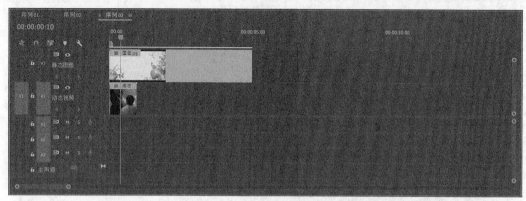

图4-17 添加静态图像

6. 单击"静态图像"轨道左侧的切换轨道输出按钮，该按钮显示为关闭状态，在【节目】监视器中该轨道上的素材被隐藏。如果将该序列输出为影片，该轨道的内容也不会被渲染。再次单击该按钮，按钮显示为可输出状态。

7. 单击轨道名称右边的按钮，按钮转换为轨道锁定按钮，该轨道被锁定，不能对该轨道内的素材进行移动、拉伸、切割及删除等操作，如图 4-18 所示。如果再次单击按钮，则按钮显示为按钮。

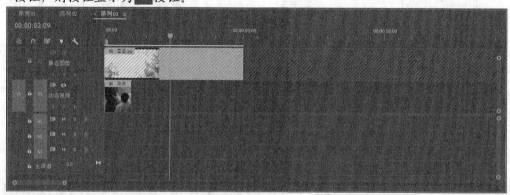

图4-18 锁定轨道

8. 选择【工具】面板中的选择工具，选中"动态视频"轨道中的素材向右拖曳，移动素材的位置。选择剃刀工具，在"动态视频"轨道素材的中间位置单击，将其截断，如图 4-19 所示。尝试对"静态图像"轨道中的素材进行同样的操作，因为该轨道已经被锁定，所以无法执行。

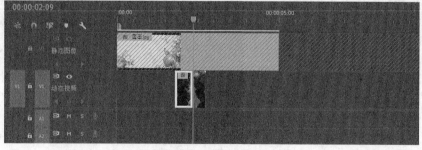

图4-19 移动和切割素材

9. 选择菜单命令【编辑】/【撤销】，将该命令执行两次，撤销上一步的操作。

10. 单击【时间轴】面板左上方的【播放指示器位置】，输入"10"，将时间指针定位在"00:00:00:10"处，在时间指针上单击鼠标右键，在弹出的快捷菜单中选择【添加标记】命令，或者单击【时间轴】面板左上方的添加标记按钮 ，在该处设置标记。用同样的方法在"00:00:00:20""00:00:01:05""00:00:01:15"处设置标记，如图4-20所示。

图4-20　设置标记

通过设置标记，可以快速定位素材的位置。在时间指针的右键快捷菜单中，选择【转到下一个标记】和【转到前一个标记】命令可以快速找到下一个、上一个标记点，选择【清除所选的标记】和【清除所有标记】命令可以清除添加的标记。

4.4.3　设置素材的入点和出点

在编辑过程中，经常需要设置素材的入点和出点，这是截取所需要的素材引入【时间轴】面板编辑节目前经常要做的工作。如果不对素材的入点和出点进行调整，素材开始的画面位置就是入点，结尾的位置就是出点。设置入点、出点时，一定要对素材进行准确定位，操作步骤如下。

> **要点提示**　这里及后面所说的引入，是指对已经导入的素材进行的处理，比如放到【时间轴】面板等。

1. 单击【项目】面板右下角的 按钮，在打开的下拉菜单中选择【序列】命令，新建一个"序列04"。

2. 选择【项目】面板中的"海底世界 03.mp4"，将其拖曳至【时间轴】面板的【V1】轨道，按住鼠标左键左右拖曳 滑块，将视图缩放到合适大小，如图4-21所示。

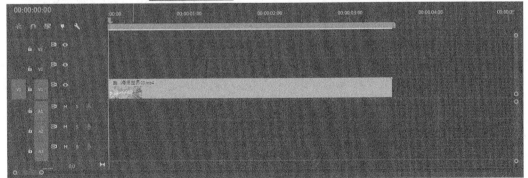

图4-21　将素材放入【时间轴】面板中

3. 将时间指针移动至"00:00:01:00"处，在时间指针上单击鼠标右键，在弹出的快捷菜单中选择【标记入点】命令，或者选择菜单命令【标记】/【标记入点】，在该处设置入点。

4. 将时间指针移动至"00:00:03:00"处，在时间指针上单击鼠标右键，在弹出的快捷菜单中选择【标记出点】命令，或者选择菜单命令【标记】/【标记出点】，在该处设置出点，如图 4-22 所示。

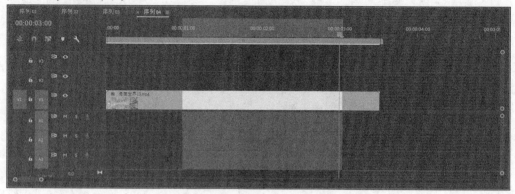

图4-22 在【时间轴】面板设置入点和出点

要点提示 在【时间轴】面板中，入点和出点间的时间标尺被点亮呈浅灰色显示。

5. 在【时间轴】面板中设置的入点和出点在【节目】监视器中也可以看到。将鼠标指针移动至【节目】监视器下方的视图区域条，按住鼠标左键左右拖曳 滑块，将视图缩放到合适大小，如图 4-23 所示。

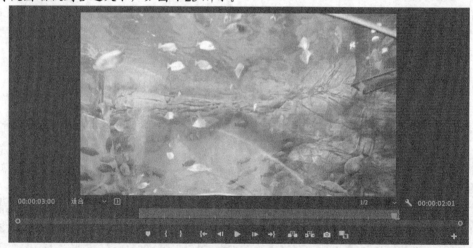

图4-23 【节目】监视器中的入点和出点

在【节目】监视器右下方的【入点/出点持续时间】中可以看到入点至出点的长度为 2秒 1 帧。

4.4.4 提升编辑和提取编辑

前面为【时间轴】面板中的素材设置了入点和出点，使用提升编辑和提取编辑，可以把入点至出点的内容删除，操作步骤如下。

1. 前面为【时间轴】面板中的素材设置了入点和出点，如图 4-24 所示。

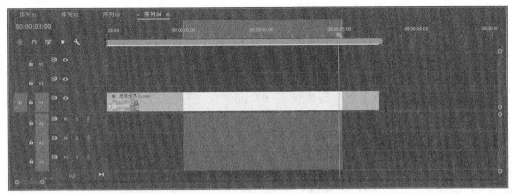

图4-24　设置入点和出点后的【时间轴】面板

2. 在【节目】监视器中选择提升工具，时间轴上入点至出点的素材被删除，中间留下空隙，如图4-25所示。

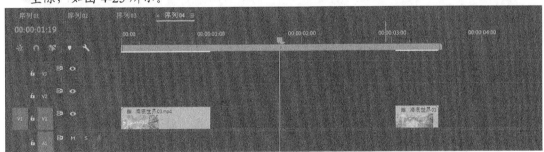

图4-25　提升编辑后的【时间轴】面板

3. 选择菜单命令【编辑】/【撤销】，撤销上一步的操作。在【节目】监视器中选择提取工具，时间轴上入点至出点的素材被删除，后段素材左移，中间不留空隙，如图4-26所示。

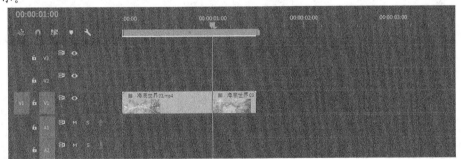

图4-26　提取编辑后的【时间轴】面板

4.4.5　插入编辑和覆盖编辑

【源】监视器提供了插入和覆盖两种编辑方式，以将素材置入【时间轴】面板中。

使用插入编辑时，【时间轴】面板中已有的素材在时间指针处被截断，【源】监视器中入点至出点的素材在时间指针处插入，被截断素材的后半部分在时间轴上右移，序列总长度变大。使用覆盖编辑时，【源】监视器中入点至出点的素材也在时间指针处被插入，不同的是，新插入的素材会覆盖【时间轴】面板中已有的部分素材。

下面将素材"海底世界 07.mp4""海底世界 08.mp4"分别采用插入编辑和覆盖编辑的方式放到【时间轴】面板中，操作步骤如下。

1. 接上例。选择【工具】面板中的 ▶ 工具，选中【序列 04】时间轴面板中的素材，按 Delete 键将其删除。

2. 在【项目】面板中选中素材"海底世界 07.mp4"，将其拖曳到【时间轴】面板【V1】轨道的左端。单击【时间轴】面板左上方的【播放指示器位置】，输入"45"并按 Enter 键，将时间指针定位在"00:00:01:20"处，如图 4-27 所示。

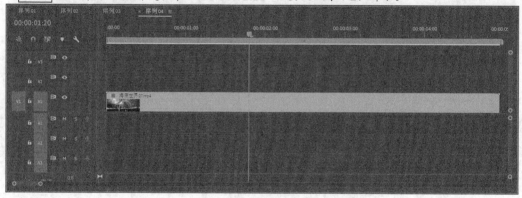

图4-27　将素材放入【时间轴】面板

3. 在【项目】面板中双击素材"海底世界 08.mp4"，在【源】监视器面板中显示素材"海底世界 08.mp4"。

4. 单击插入按钮 ，或者选择菜单命令【剪辑】/【插入】，进行插入编辑。【时间轴】面板中的已有素材在指针处被截断，插入新的素材，被截断素材的后半部分右移，整个影片的时长被加长，如图 4-28 所示。

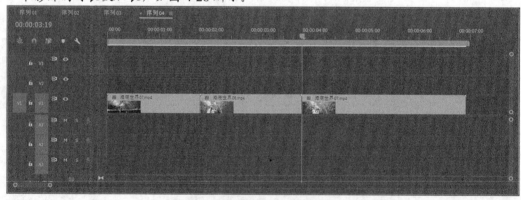

图4-28　插入编辑后的【时间轴】面板

5. 将【时间轴】面板的时间指针移至轨道左端，单击【节目】监视器中的 ▶ 按钮，观看插入编辑后的效果。

6. 选择菜单命令【编辑】/【撤销】，取消刚才的插入编辑操作。

7. 同样将【时间轴】面板上的时间指针定位到"00:00:01:20"处，单击覆盖按钮 或选择菜单命令【剪辑】/【覆盖】，进行覆盖编辑，如图 4-29 所示。【时间轴】面板中原来的素材"海底世界 07.mp4"在时间指针处被截断，被插入的新素材覆盖掉一部分，影片的总时长没有变化。

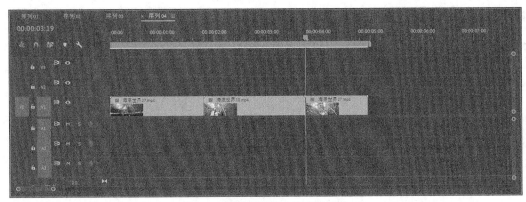

图4-29　覆盖编辑后的【时间轴】面板

8. 将【时间轴】面板的时间指针移至轨道左端，单击【节目】监视器中的 ▶ 按钮，观看影片被覆盖后的效果。

4.4.6　波纹删除

在【时间轴】面板中编辑素材时，有时需要删除中间的一段素材，在时间轴上留下空隙，这在 Premiere Pro 中称为"波纹"，此时需要将同轨道后面所有的素材都向前移动，这样无疑是很麻烦的，利用波纹删除命令可以轻松解决这个问题，操作步骤如下。

1. 单击【项目】面板右下角的 按钮，在打开的下拉菜单中选择【序列】命令，新建一个"序列 05"。

2. 在【项目】面板中选择"海底世界 06.mp4"，将其拖曳至【时间轴】面板的【V1】轨道，与轨道左端对齐，如图 4-30 所示。

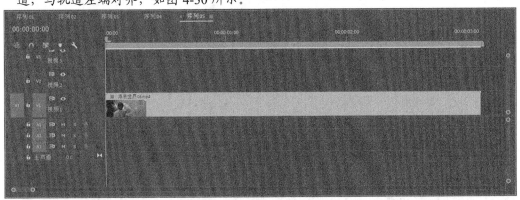

图4-30　【时间轴】面板中的素材

3. 将时间指针移至"00:00:01:00"处，选择【工具】面板中的剃刀工具 ，在时间指针处单击将素材截断；将时间指针移至"00:00:02:00"处，再次将素材截断，此时【时间轴】面板中的素材变为 3 段，如图 4-31 所示。

4. 选择【工具】面板中的 工具，选择中间的一段素材，然后选择菜单命令【编辑】/【波纹删除】，或者在选中的素材上单击鼠标右键，在弹出的快捷菜单中选择【波纹删除】命令。【时间轴】面板中的第 2 段素材被删除，同时第 3 段素材前移，中间没有留下空隙，如图 4-32 所示。

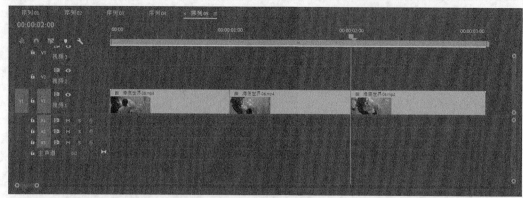

图4-31　将素材截为 3 段

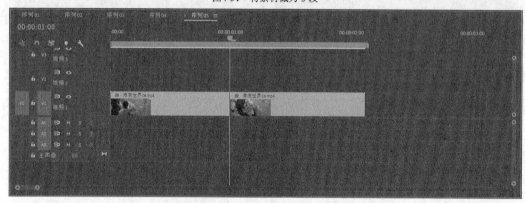

图4-32　波纹删除后的【时间轴】面板

5.　选择菜单命令【编辑】/【撤销】，撤销上一步的操作。选择中间的一段素材，然后选择菜单命令【编辑】/【清除】，或者在选中的素材上单击鼠标右键，在弹出的快捷菜单中选择【清除】命令，或者直接按 Delete 键，【时间轴】面板中的第 2 段素材被删除，第 1 段素材和第 3 段素材中间留下了空隙，如图 4-33 所示。在【节目】监视器中单击▶按钮预览，影片中没有素材的部分出现黑场。

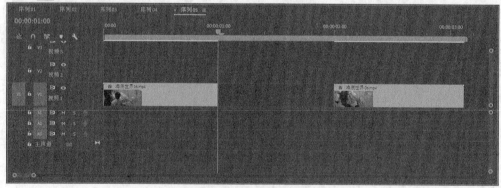

图4-33　【清除】后的【时间轴】面板

6.　对比图 4-32 和图 4-33，可以看出【波纹删除】和【清除】命令的区别。如果要在中间的空隙处添加其他素材，应该选择【清除】命令，但是如果中间的空隙不再添加素材，选择【清除】命令后，还需要将中间的空隙删除。

7.　在两段素材中间的空隙处单击选中空白区域，然后选择菜单命令【编辑】/【波纹删除】，或者在空隙处单击鼠标右键，在弹出的快捷菜单中选择【波纹删除】命令，此时会发现第3段素材前移，中间的空隙被填补。【时间轴】面板与图 4-33 所示的效果一致。

4.4.7 改变素材的速度和方向

在序列的后期编辑过程中，有时需要改变素材的速度，不让素材按照正常的速度播放，如希望一段素材快放、慢放或倒放等。

一、 改变素材速度

选择【工具】面板中的 工具，在释放鼠标前向下移动，可看到下拉菜单中的【比率拉伸工具】，如图 4-34 所示。通过比率拉伸工具 可以改变一段素材的播放速度，实现素材的快放、慢放效果，操作步骤如下。

图4-34 【工具】面板

1. 单击【项目】面板右下角的 按钮，在打开的下拉菜单中选择【序列】命令，新建一个"序列 06"。

2. 在【项目】面板中选择"海底世界 06.mp4"，将其拖曳到【时间轴】面板的【V1】轨道，与轨道左端对齐，如图 4-35 所示。

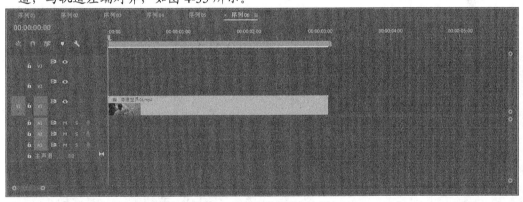

图4-35 【时间轴】面板中的素材

3. 将时间指针拖曳到"00:00:01:00"处，选择【工具】面板中的剃刀工具 ，在时间指针处单击将素材截断。选择【工具】面板中的 工具，将第 2 段素材向右移动一段距离，如图 4-36 所示。

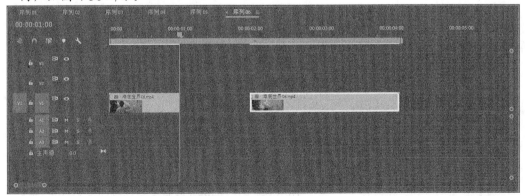

图4-36 分开截断的素材

4. 选择【工具】面板中的比率拉伸工具 ，将鼠标指针放置到第 1 段素材的右边界，按住鼠标左键向右拖曳，直到与第 2 段素材对齐，如图 4-37 所示。这相当于拉长了第 1 段素材的时长，使它的播放速度变慢。

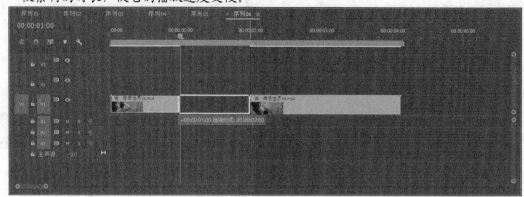

图4-37 将第1段素材拉长

5. 将时间指针移动到轨道左端，按空格键，在【节目】监视器中观看改变速度后的效果。

6. 选择【工具】面板中的比率拉伸工具 ，将鼠标指针放置到第 2 段素材的右边界，按住鼠标左键向左拖曳一段距离，如图 4-38 所示。这相当于缩短了第 2 段素材的时长，加快了它的播放速度。

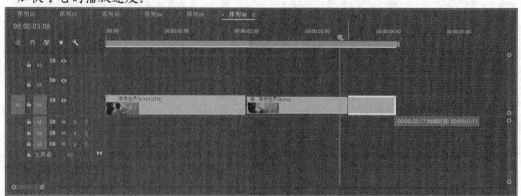

图4-38 将第2段素材缩短

7. 将时间指针移动到轨道左端，按 Enter 键进行渲染。渲染完毕后，在【节目】监视器中观看播放效果。

在图 4-38 中还可以看到，在素材上显示了改变速度后的百分比。在第 1 段素材上有"50%"的字样，说明它的播放速度变为正常速度的"50%"。

二、 改变素材方向

通过在【速度/持续时间】对话框中进行设置，不但同样能实现快放、慢放，还可以实现素材的倒放效果，操作步骤如下。

1. 接上例。选择【工具】面板中的 工具，分别选中【时间轴】面板中的两段素材，按 Delete 键将其删除。将【项目】面板中的素材"海底世界 05.mp4"拖曳到【时间轴】面板的【V1】轨道。

2. 在【时间轴】面板的素材上单击鼠标右键，在弹出的快捷菜单中选择【速度/持续时间】命令，弹出【剪辑速度/持续时间】对话框，如图 4-39 所示。

- 【速度】：当前速度与原速度的百分比值，该值大于"100%"时速度加快，该值小于"100%"时速度减慢。速度的改变会改变素材在【时间轴】面板中的长度。
- 【持续时间】：当前素材的持续时间，增大该数值，可使速度减慢；反之，速度加快。
- 【倒放速度】：勾选该复选框，改变素材的播放方向，使素材倒放。
- 【保持音频音调】：如果素材有音频部分，勾选该复选框，音频部分的速度保持不变。

图4-39　【剪辑速度/持续时间】对话框

- 锁定图标 🔒：代表速度与持续时间呈链接状态，单击锁定图标 🔒，图标呈断开状态 🔓，表明解除链接。

3. 在【持续时间】选项处输入"500"，使素材的总时长变长，播放速度减慢，单击 确定 按钮。将时间指针移动到轨道左端，按 Enter 键进行渲染，并在【节目】监视器中预览效果。

4. 在素材上单击鼠标右键，在弹出的菜单中再次选择【速度/持续时间】命令，弹出【剪辑速度/持续时间】对话框，勾选【倒放速度】复选框，单击 确定 按钮，如图4-40所示。

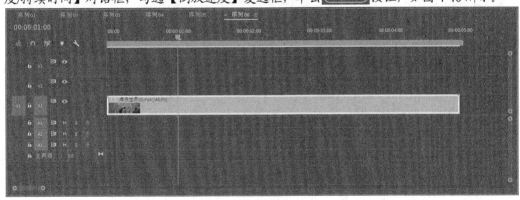

图4-40　设置【倒放速度】后的素材

在素材上，可以看到当前的速度显示为"-48.8%"，此时素材会以减慢的速度倒放。按 Enter 键进行渲染，并在【节目】监视器中预览效果。

4.4.8　帧定格命令

素材的静帧处理，也叫作帧定格，可将某一帧以素材的时间长度持续显示，就好像显示一张静止图像，这是节目制作中经常用到的艺术处理手法，操作步骤如下。

1. 接上例。选择【工具】面板中的选择工具 ▶，选中【序列 06】时间轴面板中的素材，按 Delete 键将其删除。

2. 在【项目】面板中选择"海底世界 02.mp4"，将其拖曳至【时间轴】面板的【V1】轨道，与轨道左端对齐，如图 4-41 所示。

3. 在【节目】监视器中将时间指针移至最左端，单击播放按钮 ▶，观看视频。根据视频情节在"00:00:01:00"帧处将视频画面定格 10 帧，然后继续播放。

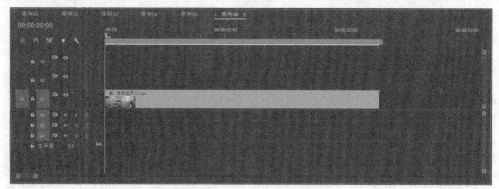

图4-41　【时间轴】面板中的素材

4. 将时间指针移至"00:00:01:00"处，选择剃刀工具 ，在时间指针处单击将素材截断。

5. 将时间指针移至"00:00:01:10"处，选择剃刀工具 ，在时间指针处单击，再次将素材截断，【时间轴】中面板的一段素材被切割为 3 段，中间的一段素材持续时间为 10 帧，如图 4-42 所示。

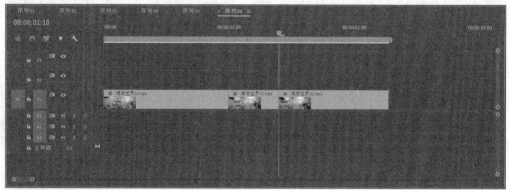

图4-42　切割素材为 3 段

6. 选择【工具】面板中的选择工具 ，选择中间的一段素材，然后选择菜单命令【编辑】/【复制】，确认时间指针处于"00:00:01:10"处，再选择菜单命令【编辑】/【粘贴插入】，素材变成了 4 段，中间两段内容相同，如图 4-43 所示。

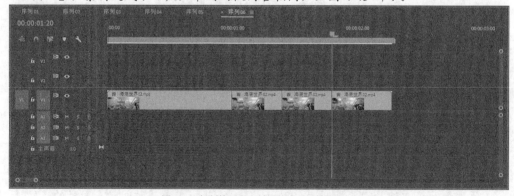

图4-43　复制第 2 段素材后的【时间轴】面板

7. 选择【时间轴】面板上的第 2 段素材，在右键菜单中选择【帧定格选项】命令，弹出【帧定格选项】对话框，如图 4-44 所示。

- 【定格位置】：勾选此复选框，使选中的素材定格为一帧画面，从其下拉列表中选择【源时间码】【序列时间码】【入点】【出点】及【播放指示器】，可以确定素材定格在哪一帧。

图4-44　【帧定格选项】对话框

- 【定格滤镜】：如果对该段素材添加了动态效果，或者为效果设置了关键帧的变化，勾选此复选框后，动态效果将不起作用。

8. 勾选【定格位置】复选框，并从其下拉列表中选择【入点】，单击 确定 按钮。

9. 将时间指针移动到【时间轴】面板的左端，单击【节目】监视器中的播放按钮▶，开始预览。可以看到第 2 段素材在入点处定格，成为静止画面。

4.4.9　取消视音频链接

如果一段素材包含视频和音频两部分，导入【时间轴】面板后，默认情况下视频和音频部分处于链接状态。如果对视频部分进行移动、剪切、变速等操作，因为两者存在链接关系，音频和视频能同步变更。如果需要只对视频部分或音频部分进行编辑操作，或者要删除视频或音频部分，则需要取消视频和音频之间的链接关系。具体操作步骤如下。

1. 接上例。选择【工具】面板中的选择工具▶，选中【时间轴】面板中的素材，按 Delete 键将其删除。

2. 选择菜单命令【文件】/【导入】，定位到本地硬盘"素材\日出素材\日出 00.mov"，将其拖曳至【时间轴】面板的【V1】轨道，与轨道左端对齐，该素材包含视频和音频两个部分。

3. 选择【工具】面板中的选择工具▶，选中该素材，在【V1】轨道上向右拖曳，会发现【V1】轨道和【A1】轨道的素材同时移动。如果对该素材执行剪切、变速等操作，【V1】轨道和【A1】轨道也将同步进行，如图 4-45 所示。

图4-45　素材的视频和音频同步移动

4. 选中该素材，选择菜单命令【剪辑】/【取消链接】，或者在素材上单击鼠标右键，在弹出的快捷菜单中选择【取消链接】命令。

5. 选择【工具】面板中的选择工具▶，在没有素材的空白处单击，取消对任意素材的选择。再次单击【V1】轨道上的视频，再按住鼠标左键并拖曳，音频素材不会一起移动，如图 4-46 所示。

图4-46　移动视频素材

6.　选中【V1】轨道上的视频素材，在右键弹出的快捷菜单中选择【清除】命令，将视频轨道的内容删除。将【A1】轨道上的音频素材向左拖曳至时间轴左端。

7.　在【项目】面板中选择"国画.jpg"，将其拖曳到【时间轴】面板的【V1】轨道，与轨道左端对齐。

8.　选择【工具】面板中的选择工具，将鼠标指针移动到【V1】轨道上素材的右边界，按住鼠标左键向右拖曳，使其时长和【A1】轨道上素材的时长相同，如图 4-47 所示。

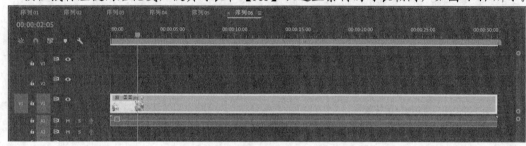

图4-47　调整图像素材和音频长度相同

9.　按住 Shift 键，分别单击【V1】和【A1】轨道上的素材，同时将它们选中。选择菜单命令【剪辑】/【链接】，将视频和音频部分组合起来。如果移动【时间轴】面板中的视频或音频部分，两者将同时移动，如图 4-48 所示。

图4-48　移动重新链接后的视音频素材

4.4.10　分离素材的视频和音频

对既有视频又有音频的素材，还可以让它同时具有不同的入点和出点。结合上例，再学习一种分离素材中视频和音频的方法。

1.　接上例。选择【工具】面板中的选择工具，选中【时间轴】面板中的素材，按 Delete 键将其删除。

2.　在【项目】面板中双击素材"日出 00.mov"，在【源】监视器面板中显示影片"日出 00.mov"。

3.　将播放指针拖动到"00:00:10:00"位置，如图 4-49 所示，在时间指针上单击鼠标右键，在弹出的快捷菜单中选择【标记拆分】/【视频入点】命令。

> **要点提示**　在时间标尺上出现一段浅灰色区域，标明截取了素材视频的那一部分，但和所示位置源文件的出入点有所区别。

4.　拖动播放指针到"00:00:20:00"位置，在时间指针上单击鼠标右键，在弹出的快捷菜单中选择【标记拆分】/【视频出点】命令，将此处设为视频出点。

5.　在【源】监视器面板中拖动播放指针到"00:00:15:00"位置，选择菜单命令【标记】/【标记拆分】/【音频入点】，将此处设为音频入点。

要点提示   在时间标尺区域的下方有一段灰绿色区域，标明截取了素材音频的哪一部分。

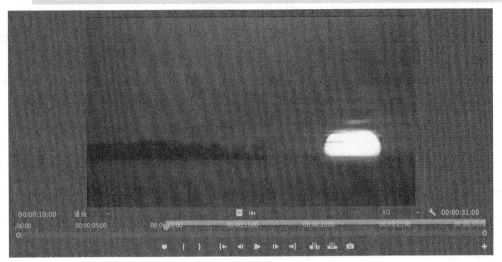

图4-49   设置【源】监视器中的视频入点

6. 在【源】监视器面板中将播放指针拖到 "00:00:18:00" 位置，选择菜单命令【标记】/【标记拆分】/【音频出点】，将此处设为音频出点，如图 4-50 所示。

图4-50   设置【源】监视器中的音频出点

7. 拖动【源】监视器面板中的素材至【时间轴】面板的【V1】轨，可以看出素材的视频和音频具有不同的入点、出点，同时在各自的轨道上，如图 4-51 所示。

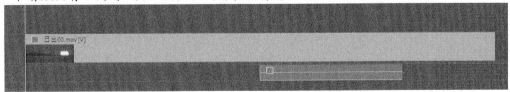

图4-51   放置素材到【时间轴】面板

4.5 小结

本章主要介绍了在【源】监视器面板和【时间轴】面板中进行编辑的基本操作，讲解了素材剪辑和节目编辑的基本方法和手段，重点介绍了如何使用插入编辑和覆盖编辑，以及二者的区别。提升和提取编辑、删除波纹、取消视音频链接等也是实际工作中经常用到的编辑方法。掌握一定的编辑技巧，对实际的编辑操作有着非常重要的指导作用，是以后进行影片编辑的基础。

4.6 习题

一、简答题

1. 入点和出点的含义是什么？作用是什么？
2. 如何删除设置的入点和出点？
3. 插入编辑和覆盖编辑的作用是什么？
4. 提升编辑和提取编辑的作用是什么？
5. 描述基本的编辑技巧。

二、操作题

1. 在【源】监视器面板中为素材设置入点和出点。
2. 使用插入编辑或覆盖编辑的方式将素材放入【时间轴】面板。
3. 使用提升编辑和提取编辑的方式修改【时间轴】面板中的素材。
4. 制作素材的帧定格效果，让素材中间帧定格两秒再开始播放。
5. 使用两种不同的方法改变一段素材的播放速度。
6. 制作一段素材倒放的效果。

第5章 添加视频过渡

素材间的组接，使用最多的是过渡。所谓过渡，就是一个素材结束时立即换为另一个素材，这也叫无技巧过渡或直接过渡。还有些素材间的组接采用的是有技巧切换，即一个素材以某种效果逐渐换为另一个素材。一般情况下，仅将有技巧过渡称为视频过渡。在视频编辑中，直接过渡是主要的组接方式，适当利用视频过渡，具有非常实用的意义，可以增强作品的艺术感染力，使画面更加富于变化，更加生动多彩，使影片的视觉效果更流畅，更能吸引观众的注意力。Premiere Pro 2020 提供了近 80 种视频过渡，它们易于使用，并且可以定制。

【教学目标】
- 了解过渡的应用原则。
- 掌握过渡的添加、替换及删除方法。
- 掌握如何在【效果】面板中改变过渡参数。
- 熟悉自定义过渡的设置方法。
- 掌握细调过渡的方法。

5.1 视频过渡的应用原则

一部影片，为了内容的条理更加清晰，发展的层次更加突出，需要对内容段落进行分隔，需要将不同场面的镜头进行连贯，这种分隔和连贯的处理技巧就是影片段落与场面的过渡技巧。

5.1.1 段落与场面过渡的基本要求

对于观众而言，段落与场面过渡的基本要求是心理的隔断性和视觉的连续性。

所谓心理隔断性，就是段落的过渡要使观众有较明确的完结感，知道一部分内容的终止，新的内容即将展开。影片因其较少的事件、情节的贯穿，段落层次的体现常常需要借助于特技效果。

所谓视觉连续性，就是利用造型因素和过渡的手法，使观众在明确段落区分的基础上，从视觉上感到段落间的过渡自然顺畅，便于观众在不同场面空间的联系上形成统一的视觉——心理体验，掌握完整的内容。

通常情况下，在镜头之间和镜头组之间表现场面的过渡，要尽量突出视觉的连续性而缩小心理的隔断性；而在叙事段落间和有较明显内容差别及不同场面之间的切换，则应具有明确的心理隔断性效果。

5.1.2　过渡的方法

段落和场面的过渡方法，从连接方式上可分为两大类：一类是利用效果技巧的过渡，另一类是直接的过渡。

利用效果技巧过渡是指利用电视特技信号发生器产生的特技效果进行段落或场面的过渡，常用的效果过渡有淡变、叠化及划像等。

一、淡变过渡

淡变过渡主要是指淡出、淡入（亦称渐隐、渐显）。淡变过渡，主要是在相连两画面之间，通过前一画面逐渐隐去，后一个画面逐渐显出的方法实现的。通常用来表示一个比较大的、完整的段落的结束，另一个大段落的开始。淡出、淡入有明确的分段效果，还能表现较长时间的过渡和较大意义的变化。运用这一技巧分段，一般要将淡出和淡入配合使用，有时也可同"切"结合使用。

二、叠化过渡

叠化过渡是前后两个画面过渡中有几秒钟的重合，能给人造成视觉上更为密切而柔和的连续感，常用来表现大段落内层次的过渡和时间上的明显过渡。运用叠化过渡技巧进行分段时，前后两个画面的构图应力求相似，尤其是主体位置应尽量一致，以求过渡的光滑柔顺。运用叠化过渡技巧表现时间的变迁时，"化"表示时间过程的省略，因此"化"的次数应视其所包含的时间过程而定，通常一个过程仅需一次叠化过渡。运用叠化过渡时，通常应配合使用，如表示某一段落的"插叙"，从"化出"开始，以"化入"结束。

三、划像过渡

划像的种类、样式是效果过渡中最丰富多样的，常用的方式是在前一画面逐渐"剥离"的同时，被剥去的空间显现出另一个画面。划像过渡，给人以不同地点、场合的空间变化感受，主要用来表现同一段落（层次）内容中属于同时异地或平行发展的事件。

划像在视觉上给人的感觉是节奏轻快紧凑，上下两个画面更替的痕迹明显，因此多用在须快速过渡的场合。划像种类繁多，在叙述某一问题的各个侧面时，要尽量统一样式，防止单纯"玩效果"的变化，分散观众的注意力。

上述有技巧的过渡方法，可以使段落的分隔显得明显突出，从而使影片的叙述更加清晰，因而有利于观众按内容的不同层次循序渐进地掌握专业知识和技能。

5.2　【视频过渡】分类夹

【效果】面板中存放了许多效果、过渡，视频过渡采用分类夹的方式将各种过渡效果分门归类放置，如图 5-1 所示，这样的分类方式有助于过渡效果的查找和管理。Premiere Pro 2020 提供了 8 种类型的几十种视频切换效果。在两段素材之间应用视频过渡的方法很简单，只需通过鼠标拖曳即可，Premiere Pro 2020 也提供了相应的参数面板以供调整。另外，【效果】面板一般与【项目】面板组合在一起显示，单击相应的标签就可以在这两个面板之间切换。如果

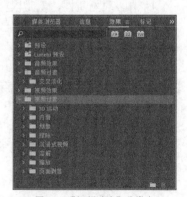

图5-1　【视频过渡】分类夹

知道分类夹或某个效果的名称，可以在面板上方的查找栏████████████████中直接输入其名称，以便于快速查找；也可以单击面板下方的▱按钮，新建自定义素材箱，将常用的各种效果拖放到其中，拖放的效果依然在原来的分类夹中存在。单击🗑按钮，可以删除自建的素材箱，但不能删除软件自带的分类夹。

5.3 视频过渡效果的应用

在【时间轴】面板中的视频轨道上，将一个素材的开头接到另一个素材的尾部就能实现过渡，前面已介绍。那么，如何进行素材间的过渡呢？两个素材间必须有重叠的部分，否则就不会同时显示，重叠的部分就是前一个素材出点以后的部分和后一个素材入点以前的部分。下面通过一个实例介绍如何运用视频过渡。

5.3.1 添加视频过渡

为素材加入过渡的方法如下。

1. 启动 Premiere Pro 2020，新建一个 "T5.prproj" 项目，在项目中新建序列 "序列 01"。定位到本地硬盘中的 "素材" 文件夹，导入视频素材 "行走.mov" 和 "云朵.mp4"，并拖曳到【时间轴】面板中的【V1】轨道上，将【时间轴】面板的视图扩展到合适大小，如图 5-2 所示。两段素材的左上角、右上角都出现了灰色的小三角，说明素材处于原始的没有被剪切的状态。

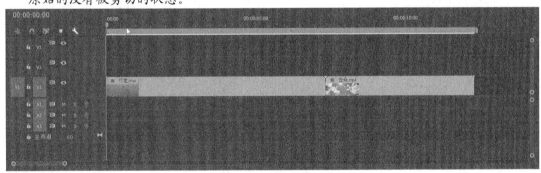

图5-2 将素材放到视频轨道上

2. 切换到【效果】面板，依次单击【视频过渡】/【溶解】分类夹左侧的卷展控制图标█，展开【溶解】分类夹下的所有效果。【交叉溶解】切换周围有一个蓝色框，如图 5-3 所示，表明它是默认的过渡效果。

3. 按住鼠标左键将【交叉溶解】切换拖放到【V1】轨的两个素材之间，弹出【过渡】提示框，如图 5-4 所示，提示两个素材没有足够的用于过渡的帧，因此将重复前一个素材的出点帧和后一个素材的入点帧。这是因为素材的出点、入点已经到头，没有可扩展区域。

4. 单击 确定 按钮，系统会自动在素材出点和入点处加入一段静止画面来完成过渡，过渡矩形框上显示斜条纹，如图 5-5 所示。

5. 在【时间轴】面板的时间标尺上按住鼠标左键拖动鼠标，在【节目】监视器面板中预演过渡效果。

6. 选择【溶解】分类夹中的【叠加溶解】过渡，按住鼠标左键将其拖曳到【时间轴】面板的【交叉溶解】过渡上，松开鼠标左键后，【交叉溶解】过渡被替换成【叠加溶解】过渡。

图5-3 展开【溶解】分类夹

图5-4 【过渡】对话框

7. 在【时间轴】面板的时间标尺上按住鼠标左键拖动鼠标，在【节目】监视器面板中预演过渡效果，可以看到它与【交叉溶解】过渡效果截然不同。

8. 在【时间轴】面板中同时选择"行走.mov"和"云朵.mp4"，按 Ctrl+C 组合键复制。按住鼠标左键将时间指针拖曳到素材的末端，按 Ctrl+V 组合键粘贴。

9. 为了让切换能够更平滑流畅，需要对素材进行剪切，让一些没有用处的头尾帧在两个素材之间重叠。在工具栏中选择波纹编辑工具，将第一段素材的结束点向左拖动，使其缩短约两秒。

10. 同样，使用波纹编辑工具将第2段素材的起始点向右拖动，使其缩短约两秒。

11. 现在两段素材的出点、入点有了足够的尾帧、头帧，此时两个素材的长度都产生了变化，切换标示中的斜线消失，如图 5-6 所示。

图5-5 添加【交叉溶解】过渡

图5-6 调整后的【叠加溶解】过渡显示

12. 将当前时间指针放在【溶解】切换的前方，按空格键播放，可以看到在前一段素材画面逐渐消失的同时，后一段素材画面逐渐出现。

13. 为素材添加过渡后，可以改变过渡效果的长度。最简单的方法是在序列中选中过渡效果，在工具栏中选择工具，把鼠标指针放在过渡效果的左右边界，分别出现素材入点图标和素材出点图标，拖动过渡效果的边缘即可改变过渡效果的长度，如图 5-7、图 5-8 所示。

图5-7 拖动过渡效果左边缘改变过渡效果的长度

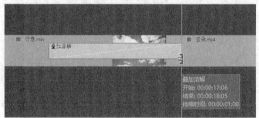

图5-8 拖动过渡效果右边缘改变过渡效果的长度

14. 在【时间轴】面板中单击过渡效果矩形框，切换到【效果控件】面板，在该面板中设置【持续时间】参数也可以改变过渡效果的长度，如图 5-9 所示。

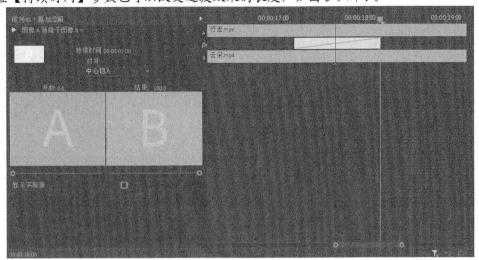

图5-9　【效果控件】面板

15. 选中过渡效果，单击鼠标右键，在弹出的快捷菜单中选择【清除】命令，如图 5-10 所示，将【叠加溶解】过渡效果删除，还可以按 Delete 或 BackSpace 键将其删除。

图5-10　清除【叠加溶解】过渡效果

 一般情况下，过渡效果在同一轨道的两段相邻素材之间使用，称为双边过渡。除此之外，也可以单独为一段素材的头尾添加过渡，即单边过渡，素材将与下方轨道的视频进行过渡，但此时下方的轨道视频只是作为背景使用，并不被过渡效果控制。

应用过渡效果时，往往采用默认设置时间长度，也可以对视音频过渡效果的持续时间重新设置，步骤如下。

1. 单击【效果】面板右上角的 按钮，在弹出的菜单中选择【设置默认过渡持续时间】命令，或者选择菜单命令【编辑】/【首选项】/【时间轴】，打开【首选项】参数对话框，该对话框显示默认的视频、音频过渡时间。

2. 可以根据实际需要输入新的数值，修改视频过渡默认持续时间。将默认过渡时间设置为"25"帧，下次应用过渡时，过渡时间就将持续"25"帧，如图 5-11 所示。

在工作中经常会使用某一种过渡，在这种情况下可以将常用的过渡设置为默认过渡，操作步骤如下。

1. 选择【白场过渡】，单击【效果】面板右上角的 按钮，在弹出的菜单中选择【将所选过渡设置为默认过渡】命令，该过渡左侧图标的边缘显示为蓝色，如图 5-12 所示。

2. 单击选定要添加视频过渡的【V1】轨道，将时间指针放到需要添加过渡效果素材的左右边界，按住 Ctrl+D 组合键，默认过渡自动被加入素材中，如图 5-13 所示。

3. 按住鼠标左键并拖动鼠标，框选【时间轴】面板上的素材"行走.mov"和"云朵.mp4"，按 Delete 键将其删除。

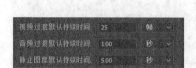

图5-11　【设置默认过渡持续时间】参数

图5-12　设置【白场过渡】为默认过渡

4.　配合 Shift 键，在【项目】面板中再次选择"行走.mov"和"云朵.mp4"，单击【项目】
　　面板下方的自动匹配序列按钮　，打开【序列自动化】对话框，如图 5-14 所示。各项
　　设置完成后单击　确定　按钮，则导入【时间轴】面板中的素材之间自动设置的过渡效果
　　就是当前默认的过渡效果。

图5-13　通过组合键添加默认过渡

图5-14　【序列自动化】对话框

5.3.2　【效果控件】面板中的参数设置

对素材应用视频过渡后，过渡的属性及参数都将显示在【效果控件】面板中。单击视频
轨道上的过渡矩形框，打开【效果控件】面板，如图 5-15 所示。

【效果控件】面板中主要参数的含义介绍如下。

- ▶按钮：单击此按钮，可以在缩略图视窗中预览过渡效果。
- 【持续时间】：显示过渡效果的持续时间，在数值上拖动或双击鼠标左键也可
以进行数值调整。
- 【对齐】：可在该项的下拉列表中选择对齐方式，包括【中心切入】【起点切入】
【终点切入】及【自定义起点】4 项。【自定义起点】在默认情况下不可用，当
在【时间轴】面板或时间轴区域直接拖曳过渡，将其放到一个新的位置时，校

准自动设定为【自定义起点】。

- 【开始】和【结束】滑块：设置过渡始末位置的进程百分比，可以单独改变过渡的开始和结束状态。按住 Shift 键拖动滑块，可以使开始、结束位置以相同的数值变化。

- 【显示实际源】：选中此项，可以在【开始】和【结束】预览视窗中显示素材过渡开始帧和结束帧画面。

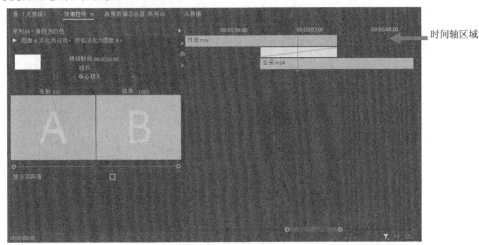

图5-15　【效果控件】面板

另外，还有一些过渡的中心位置是可以调整的，比如【交叉缩放】过渡，此时会在【开始】和【结束】预览视窗中出现一个圆点，按住鼠标左键拖动鼠标就可以确定过渡的中心位置，如图 5-16 所示。

在【交叉缩放】过渡参数设置窗口的右侧，以时间轴的形式显示了两个素材相互重合的程度及过渡的持续时间。单击窗口上方的 按钮，可以展开或关闭这个区域。在这个区域可以完成与【时间轴】面板中相一致的操作，比如直接拖动过渡的边缘调整持续时间等，在【时间轴】面板中会同时产生相应的变化。将鼠标指针放到过渡上时，会出现 标志，如图 5-17 所示，此时按住鼠标左键拖动鼠标会调整过渡的位置，同时，对齐方式也跟着相应地变化。

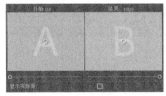　　　　　　　　　　　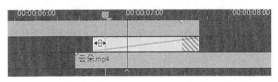

图5-16　调整过渡中心　　　　　　　　　　　　图5-17　调整过渡的位置

5.3.3　设置过渡效果参数

下面通过一个实例来进行过渡效果参数设置的讲解。

1. 接上例。打开【效果】面板，依次单击【视频过渡】/【擦除】分类夹左侧的卷展控制图标 ，展开【擦除】分类夹下的所有过渡。按住鼠标左键将【双侧平推门】过渡拖放到【V1】轨道的两个素材之间。

2. 单击【双侧平推门】过渡，打开【效果控件】面板。

3. 单击【预演和方向选择】视窗边缘的上下箭头按钮，将过渡效果的基准方向由自西向东开门变为自北向南开门，如图 5-18 所示。

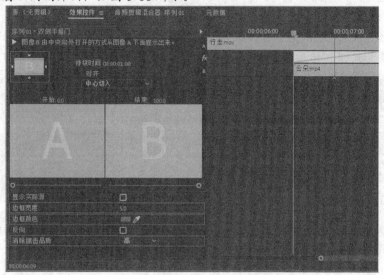

图5-18　改变过渡效果的基准方向

4. 将【边框宽度】设为"5.0"，【边框颜色】设为蓝色，【消除锯齿品质】设为【高】。

> **要点提示**　读者如果对【消除锯齿品质】的设置进行不同等级间的比较，可以看出效果很明显。

5. 拖动【时间轴】面板上的时间标尺，在【节目】面板中预演过渡效果，如图 5-19 所示。这种开门式的过渡效果与前面的效果明显不同。

图5-19　【双侧平推门】过渡效果

5.4　小结

本章主要讲解了过渡，内容相对单一、集中。许多使用技巧也是在实例中讲述的，没有单独阐述，读者在按步骤进行制作时要多思考。在节目制作中运用过渡还需要注意以下两个方面：第一是要发挥自己的想象，利用情节组合多种过渡，创造出不寻常的画面效果；第二是不要滥用过渡，"无技巧组接"是影视编辑中应遵循的原则。除了制作片头和某些特殊需要外，素材组接不提倡使用过渡，一般仅在大的过渡和段落切换中应用。

5.5 习题

一、 简答题

1. 如何改变默认过渡持续时间？

2. 如果应用了交叉溶解过渡，如何调出其参数设置对话框？

3. 【效果控件】面板中的【反向】有什么功能？

4. 改变过渡的持续时间长度有哪几种方法？

二、 操作题

1. 利用溶解类过渡实现四季交替效果。

2. 利用各种过渡制作一个电子相册，主题不限。

第6章　高级编辑技巧

在非线性编辑过程中，为了让复杂的编辑工作变得井然有序，可以使用嵌套序列的方法。三点和四点编辑也是专业后期视频编辑中常用的技巧，用来在【时间轴】面板上已有的视频中插入或替换素材。

【教学目标】
- 掌握序列嵌套的方法。
- 掌握三点和四点编辑的方法。
- 掌握多摄像机模式的使用方法。

6.1　序列的嵌套处理

序列的名称在【时间轴】面板中的左上角显示，一个序列对应一个【时间轴】面板。实际上一个项目中可以有多个序列，一个序列中可以插入另一个甚至多个序列，插入的序列可以作为单一素材对待并且可以包括插入的序列。在制作较大、较为复杂的影片时，可以将整个影片按照剧本分为几个大的段落，每个序列可以编辑不同的视频内容，互不影响。一个序列也可以像素材一样，将其拖曳到其他序列中，实现序列的嵌套，最后通过嵌套序列将各个段落组合到一个总的序列中。

序列的作用主要有以下几点。

(1)　对需要重复使用的一组素材，可以利用序列编辑一次，然后重复使用。比如，在4个视频轨道中叠加显示的一组素材需要在节目中反复出现，就可以先将它们在一个序列中制作完成，然后反复引用序列，以避免每次重复编辑。

(2)　对一组素材，进行相同的设置或要多次使用不同的设置。比如，在4个视频轨道中叠加显示的一组素材，可以先将它们在一个序列中制作完成，然后通过对序列设置运动，使它们产生相同的运动效果。

(3)　对一组素材，调整效果处理顺序或实现反复处理。比如，可以利用序列对素材多次进行转换处理。

(4)　节省编辑空间。比如，节目中某一段使用了复杂的多轨叠加，而其他部分仅使用了一轨或两轨，就可以仅将这一段放到一个序列中，以保证编辑其他部分时不出现太多轨道。

(5)　引入已有项目的序列，实现模块化的编辑流程。

序列与普通素材一样，可以对它进行复制、粘贴，还可以利用转换、运动和效果等进行处理。序列非常有用，在后面章节的学习和实际工作中，读者会有所体会。

下面介绍如何进行序列的嵌套处理。在以下情况下也会用到嵌套序列的方法。
- 把一种或多种效果应用到该序列的所有视频中。
- 通过多个序列来组织和简化操作，避免编辑中的冲突和误操作。

- 对一个序列中的所有视频创建画中画效果。
- 重复使用同一个序列的内容，可以将该序列多次嵌套到其他序列中。
- 创建多摄像机模式，可以通过序列嵌套来实现。

下面通过实例介绍使用嵌套序列对多个视频创建画中画效果，操作步骤如下。

1. 启动 Premiere Pro，新建项目文件 "T6"。选择菜单命令【文件】/【导入】，定位到本地硬盘中的 "素材\童年" 文件夹，导入 "儿童.mp4" "男孩.mp4" "女孩.mp4" 视频文件和 "电脑.jpg" 图像文件。

2. 单击【项目】面板下方的 按钮，在弹出的菜单中选择【序列】命令，弹出【新建序列】对话框，在序列预设中选择 "HDV 1080p25"，新建 "序列 01"，然后单击 确定 按钮退出对话框。

3. 选中【项目】面板中的素材 "男孩.mp4"，将其拖曳到【时间轴】面板中的【V1】轨道。用同样的方法将 "儿童.mp4" "女孩.mp4" 分别拖曳到【V1】轨道并依次排列，如图 6-1 所示，它们都在 "序列 01" 的【时间轴】面板中。

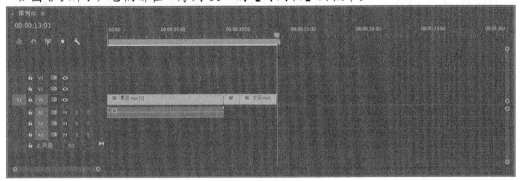

图6-1　将视频导入 "序列 01" 中

4. 对 "序列 01" 中的视频素材进行剪辑。取消素材 "男孩.mp4" 的视音频链接，删除其音频部分。双击【时间轴】面板上的 "男孩.mp4" 素材，使其在【源】监视器面板中显示。在【源】监视器面板中分别为素材设置入点（00:00:03:00）和出点（00:00:07:15），如图 6-2 所示。此时，【时间轴】面板上的对应素材也同步被裁剪，如图 6-3 所示。

图6-2　在【源】监视器面板中为素材设置出入点

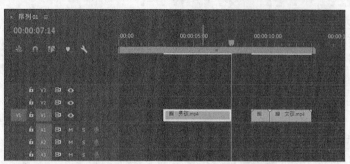

图6-3　【时间轴】面板上的素材相应地发生变化

5. 选中"男孩.mp4"素材左边的空白区域，单击鼠标右键，在弹出的快捷菜单中选择【波纹删除】命令，此时【时间轴】面板上的素材全部左移。以同样的方法删除"男孩.mp4"和"儿童.mp4"之间的空白波形，【时间轴】面板上的剪辑素材的排列如图 6-4 所示。

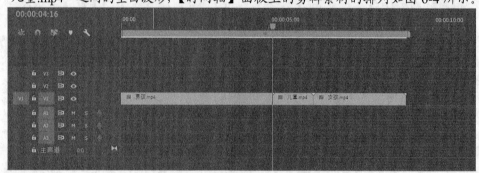

图6-4　【时间轴】面板上的剪辑素材

6. 单击【项目】面板下方的 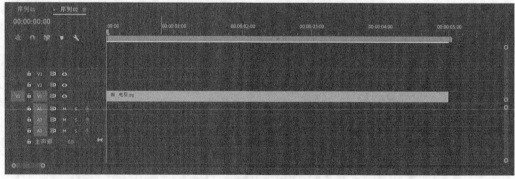 按钮，在弹出的菜单中选择【序列】命令，弹出【新建序列】对话框，在序列预设中选择"HDV 1080p25"，新建"序列 02"，然后单击 确定 按钮退出对话框。

7. 进入"序列 02"的【时间轴】面板。在【项目】面板中选择"电脑.jpg"素材，将其拖曳到【时间轴】面板，和【V1】轨道左端对齐，如图 6-5 所示。

图6-5　将图像导入"序列 02"中

8. 在【项目】面板中选择"序列 01"并将其拖曳到【时间轴】面板的【V2】轨道，与"电脑.jpg"左端对齐。将鼠标指针放到【V1】轨道中图像剪辑的右边界，按住鼠标左键向右拖曳鼠标，直至和【V2】轨道剪辑右边界对齐，如图 6-6 所示。

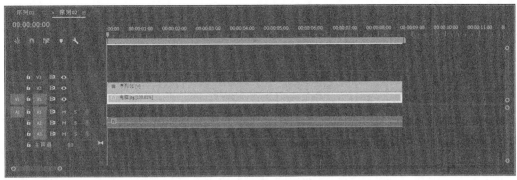

图6-6 将"序列01"嵌套入"序列02"

9. 打开【效果】面板，选择【视频效果】/【扭曲】/【边角定位】效果，将其拖曳至【时间轴】面板中【V2】轨道的"序列01"上再释放鼠标左键。

10. 选中【时间轴】面板上的"序列01"剪辑，打开【效果控件】面板，在【边角定位】定位名称上单击，使其变为选择状态，如图6-7所示。

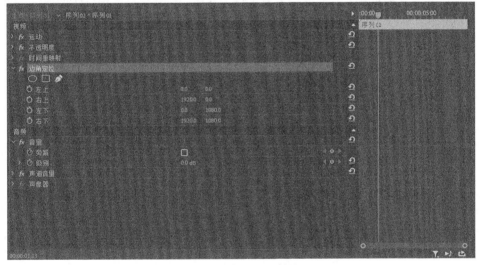

图6-7 【边角定位】效果

11. 此时【节目】监视器视图中图像的4个角上出现圆形控制钮，分别选中4个控制钮，按住鼠标左键并拖曳鼠标，直到和【V1】轨道中的笔记本显示屏的4个角对齐，如图6-8所示。

图6-8 在【节目】监视器视图中拖曳圆形控制钮

要点提示 如果不拖曳控制钮，则单击【边角定位】前边的 **>** 按钮将其展开，修改其下 4 个选项（左上、右上、左下、右下）的参数，也可以调整图像，使其与【V1】轨道中笔记本显示屏的 4 个角对齐。

12. 将时间指针移动至时间轴左端，按空格键开始渲染，在【节目】监视器视图中预览，可见图像中的笔记本显示屏依次播放了"序列 01"中的每个视频。

在运用序列进行嵌套编辑时，应该注意以下几点。

(1) 序列不能进行自我嵌套，如"序列 02"本身不能够放到"序列 02"中。

(2) 使用序列往往会增加处理时间。

(3) 在序列中，如果开始有空白区域，那么在嵌套时这些区域依然存在。

(4) 对原始序列所做的调整都会在嵌套中反映出来，但持续时间的变化还需要在嵌套中自行调整。

6.2 三点编辑和四点编辑

三点编辑和四点编辑是在专业视频编辑工作中常用的编辑技巧，由传统的线性编辑延续而来。可以在【时间轴】面板中已有视频上插入或覆盖另一段视频，使用时需要在【源】监视器面板和【节目】监视器面板中同时设置入点或出点，然后指定要插入或覆盖的视频片段和时间轴上的位置。

三点、四点指的是设置素材与节目的入点和出点个数。如果在【源】监视器面板和【节目】监视器面板同时设置了入点和出点，则有四个编辑点，就是四点编辑。如果只设置两个入点一个出点，或者一个入点两个出点，那么就是三点编辑。三点编辑实际上同样需要四点，缺少的一个点由其他三点结合持续时间自动推算得出。通常来讲，三点编辑比四点编辑应用广泛。下面对三点编辑和四点编辑分别介绍。

6.2.1 三点编辑

三点编辑在使用中一般有两种情况：第 1 种是在【源】监视器面板中只设置入点，在【节目】监视器面板中设置入点与出点；第 2 种是在【源】监视器面板中设置入点与出点，在【节目】监视器面板中只设置入点。下面通过实例来介绍第 1 种情况。

1. 接上例。单击【项目】面板下方的 **■** 按钮，在弹出的菜单中选择【序列】命令，弹出【新建序列】对话框，新建"序列 03"，然后单击 **确定** 按钮退出对话框。

2. 进入"序列 03"的【时间轴】面板，在【项目】面板中选择"男孩.mp4"，按住鼠标左键将其拖曳到【时间轴】面板，和【V1】轨道左端对齐，按住鼠标左键左右拖曳 **◇━━━↕** 滑块，将视图缩放到合适大小显示，如图 6-9 所示。

3. 在【时间轴】面板的视频中间插入一段"女孩.mp4"的内容。通过浏览视频，确定在【时间轴】面板的"00:00:02:05"～"00:00:04:00"处插入。

4. 在【时间轴】面板中将时间指针移动至"00:00:02:05"处，单击【节目】监视器面板中的 **↧** 按钮，设置入点；将时间指针移动至"00:00:04:00"处，单击【节目】监视器面板中的 **↧** 按钮，设置出点，如图 6-10 所示。

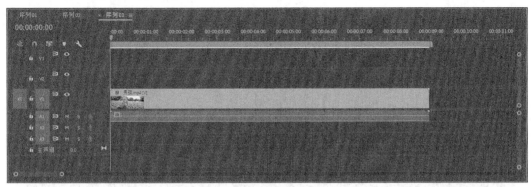

图6-9　【时间轴】面板

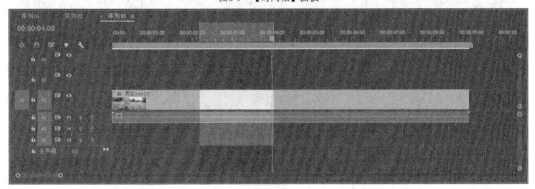

图6-10　设置【时间轴】面板的入点和出点

> 要点提示　还可以在时间指针上单击鼠标右键，在弹出的快捷菜单中选择【标记入点】或【标记出点】命令，或者选择菜单命令【标记】/【标记入点】或【标记出点】，都可以设置入点和出点。

5. 在【项目】面板中双击"女孩.mp4"，在【源】监视器面板中预览。将【源】监视器面板中的时间指针移动至"00:00:00:15"处，单击 **｛** 按钮，设置入点，如图 6-11 所示，3 个编辑点设置完毕。

图6-11　设置【源】监视器面板的入点

6. 单击【源】监视器面板中的覆盖按钮，打开【适合剪辑】对话框，如图 6-12 所示，单击 确定 按钮退出，将【时间轴】上入点和出点间的内容替换，效果如图 6-13 所示。

图6-12　【适合剪辑】对话框

从图 6-13 中可以看出，【时间轴】面板中"00:00:02:05"～"00:00:04:00"间的视频被替换了，影片的总长度不变。插入的位置与【时间轴】面板中入点和出点的位置有关，而时间指针的位置不会对其产生影响。

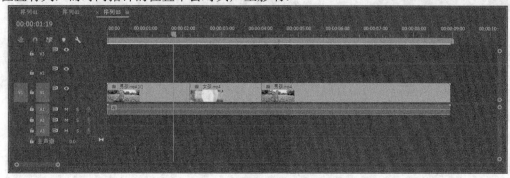

图6-13　使用三点编辑进行覆盖编辑后的效果

7. 选择菜单命令【编辑】/【撤销】，撤销上一步操作。单击【源】监视器面板中的插入按钮，打开【适合剪辑】对话框，采用默认设置，单击 确定 按钮退出，此时【时间轴】面板上的视频效果如图 6-14 所示。

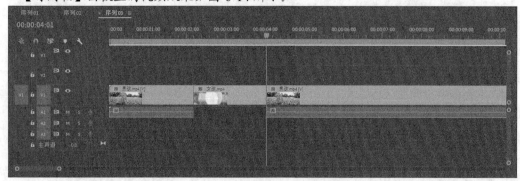

图6-14　使用三点编辑进行插入编辑后的效果

从图 6-14 中可以看出，在【时间轴】面板中"00:00:02:05"～"00:00:04:00"处插入新视频，原来的视频在入点处截断，后半部分右移，影片的总长度变长。

在三点编辑中，还经常在【源】监视器面板中设置入点与出点，在【节目】监视器面板中只设置入点。这种情况的操作方法与第 1 种情况基本相同，这里不再详细介绍。

6.2.2　四点编辑

在四点编辑中，既要设置原始素材的入点和出点，还要设置节目的入点和出点。在精确要求素材及节目的位置时，应该使用四点编辑方式。如果两者的持续时间长度不一，Premiere Pro 有几种方法供选择。四点编辑的使用方法介绍如下。

1. 接上例。单击【项目】面板下方的 ![按钮] 按钮，在弹出的菜单中选择【序列】命令，弹出【新建序列】对话框，新建"序列 04"，然后单击 确定 按钮退出对话框。

2. 进入"序列 04"的【时间轴】面板，在【项目】面板中选择"男孩.mp4"，按住鼠标左键将其拖曳到【时间轴】面板，和【V1】轨道左端对齐，按住鼠标左键左右拖曳 ![滑块] 滑块，将视图缩放到合适大小显示。

3. 仍然要在【时间轴】面板的视频中间插入一段"女孩.mp4"的内容。通过浏览视频，确定在【时间轴】面板的"00:00:02:05"～"00:00:04:20"处插入。

4. 在【时间轴】面板中将时间指针移动至"00:00:02:05"处，单击【节目】监视器面板中的 ![按钮] 按钮，设置入点；将时间指针移动至"00:00:04:20"处，单击【节目】监视器面板中的 ![按钮] 按钮，设置出点，如图 6-15 所示。

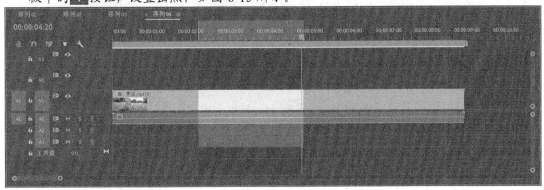

图6-15　设置【时间轴】面板的入点和出点

5. 在【节目】监视器面板右下方可以看到入点到出点的持续时间为"00:00:02:16"，如图6-16 所示。

图6-16　入点和出点在【节目】监视器面板中的显示

6. 在【项目】面板中双击"女孩.mp4"，在【源】监视器面板中进行预览。将素材【源】监视器面板中的时间指针移动至"00:00:00:10"处，单击 ![按钮] 按钮，设置入点；再将时间指针移动至"00:00:02:10"处，单击 ![按钮] 按钮，设置出点，如图 6-17 所示。【源】监视器面板右下方显示入点到出点的持续时间为"00:00:01:21"。

图6-17 设置【源】监视器面板的入点和出点

从图 6-16 和图 6-17 可以看出，【时间轴】面板中入点至出点的时间长度和素材【源】监视器面板中入点至出点的时间长度不一致。

7. 单击【源】监视器面板中的覆盖按钮，此时由于素材长于节目限定时间，会弹出【适合剪辑】对话框，如图 6-18 所示。
   - 【更改剪辑速度（适合填充）】：改变素材的速度以适应节目中设定的长度。
   - 【忽略源入点】：忽略素材的入点以适应节目中设定的长度。

   图6-18 【适合剪辑】对话框

   - 【忽略源出点】：忽略素材的出点以适应节目中设定的长度。
   - 【忽略序列入点】：忽略节目中设定的入点。
   - 【忽略序列出点】：忽略节目中设定的出点。

8. 选择【更改剪辑速度（适合填充）】单选项，然后单击 确定 按钮，退出对话框。

9. 四点编辑完成后的【时间轴】面板如图 6-19 所示，可以看出【时间轴】面板上的入点至出点插入了一段持续时间为"00:00:02:16"的新视频，将原来的一部分视频覆盖，持续时间总长度不发生变化。

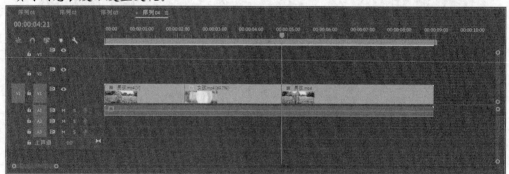

图6-19 执行四点编辑后的【时间轴】面板

10. 激活【时间轴】面板，按 Home 键，将时间指针移至时间轴左端，按 Enter 键开始渲染。在【节目】监视器面板中预览效果，会发现插入的视频部分播放速度放慢了。

6.3 使用特殊编辑工具

在 Premiere Pro 2020 中，还可以使用特殊的波纹编辑工具 **⬌**、滚动编辑工具 **⬚**、外滑工具 **⬌** 和内滑工具 **⬚** 处理相邻素材之间的关系。其中，滚动编辑和内滑编辑不能直接运用在声音素材上，但当用于视频素材时，链接的声音素材会作相应的改变。

一、波纹编辑

选择 **⬌** 工具后，将鼠标指针放到编辑点（即两个素材的组接点）上时，会显示为 ▷ 或 ◁，前者用于调整后一个素材的入点，后者用于调整前一个素材的出点。波纹编辑可封闭由编辑导致的间隙，并可保留对修剪剪辑左侧或右侧的所有编辑。调整后一个素材的入点时，素材入点在【时间轴】面板中的位置不会发生变化，仅出点位置会发生变化。调整前一个素材的出点时，其出点位置会发生变化，但后面素材的入点、出点不变，仅在【时间轴】面板中产生位置变化，如图 6-20 所示，这样，整体的节目时间就会发生变化。

二、滚动编辑

选择 **⬚** 工具后，将鼠标指针放到编辑点（即两个素材的组接点）上时，会显示为 ⬚。将鼠标指针放在编辑点处，按住鼠标左键拖动鼠标，可同时调整相邻素材的入点和出点。从图 6-21 中可以看出，节目总时间会保持不变，入点增加多少时间，相邻素材的出点就会减少相同时间，反之亦然。

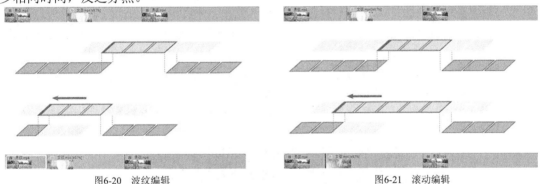

图6-20 波纹编辑   图6-21 滚动编辑

三、外滑编辑

选择 **⬌** 工具后，将鼠标指针放到编辑点（即两个素材的组接点）上时，会显示为 ⬌。从图 6-22 中可以看出，节目总时间保持不变。只调整所选素材的入点和出点，但这个素材的位置和持续时间都不变。

四、内滑编辑

选择 **⬚** 工具后，将鼠标指针放到编辑点（即两个素材的组接点）上时，会显示为 ⬌。从图 6-23 中可以看出，节目总时间保持不变。调整所选素材的位置，其前面素材的出点和后面素材的入点产生变化，素材的入点、出点没有变化。

这几种编辑工具许多人很少使用，主要是对它们的优越性认识得不够。比如，编辑完一个配有解说词的专题片后，如果某个素材（镜头）对应的解说词减少了，就可以选择 **⬌** 工具以 ▷ 方式直接进行调整，否则就要先调整这个素材的入点或出点，然后再删除空白，使后续素材前移组接。再比如，素材间的组接一般要遵循"动接动，静接静"的原则，要有一定的节奏，因此当成片完成后还要从整体上观看、修改，调整编辑点的位置，此时为了保证成片时间不变，就可以使用滚动编辑工具 ⬚、外滑工具 ⬚ 和内滑工具 ⬚ 以更加直接的方式进行调整。

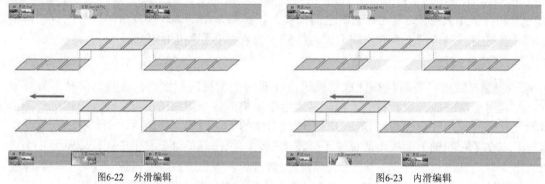

图6-22　外滑编辑　　　　　　　　　　　　　　　　图6-23　内滑编辑

6.4　将素材快速放入【时间轴】面板

前面已经介绍了将素材放入【时间轴】面板的方法，但在某些情况下，这些方法显得比较烦琐。比如，制作电子相册，一般有多达几十幅的照片，每幅照片在【时间轴】面板中的持续时间相等，如果将它们一幅幅地拖入，显然都是些重复性劳动，为此，Premiere Pro 提供了一种有效的解决方法，下面通过制作电子相册进行介绍。

1. 接上例。选择菜单命令【文件】/【导入】，打开【导入】对话框，选择本地硬盘中的"素材\风光"文件夹，单击 导入文件夹 按钮，将文件夹导入【项目】面板中。

2. 单击【项目】面板下方的 ⬚ 按钮，在弹出的菜单中选择【序列】命令，弹出【新建序列】对话框，新建"序列 06"，然后单击 确定 按钮，退出对话框。

3. 在【项目】面板中进入"风光"素材箱，单击下方的图标视图按钮 ⬚，以缩略图的形式显示素材，如图 6-24 所示。

图6-24　显示素材

4. 选择"001.jpg"，按住鼠标左键将其拖曳到"004.jpg"后面，选择"005.jpg"，按住鼠标左键将其拖曳到"006.jpg"后面，调整素材在文件夹中的顺序。

5. 选择菜单命令【编辑】/【首选项】/【媒体】，打开【首选项】对话框，在【默认媒体缩放】中选择【缩放为帧大小】选项，以保证素材加入时符合序列设置的尺寸，如图 6-25 所示，然后单击 确定 按钮，退出对话框。

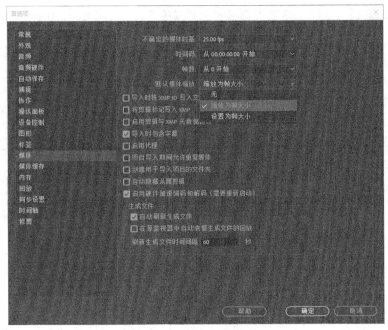

图6-25　选择【缩放为帧大小】

6. 在文件夹中将素材全部选择，然后单击文件夹下方的 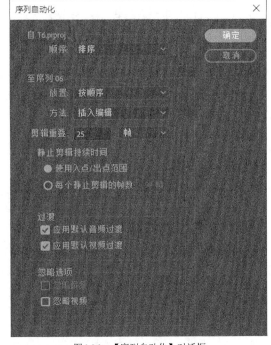 按钮，打开【序列自动化】对话框，勾选【应用默认视频过渡】复选框，如图 6-26 所示，单击 确定 按钮，退出对话框。

【序列自动化】对话框中各选项的含义
介绍如下。

- 【顺序】：指定片段在【时间轴】
  面板中的前后顺序。其中，排序是
  指按【项目】面板中的顺序排列，
  【选择顺序】是指按选择素材的先
  后顺序排列。

- 【放置】：指定在【时间轴】面板
  中加入片段的位置。选择【按顺
  序】选项是在已有素材后接着放
  置；选择【在未编号标记】选项是
  在非数字标记处放置。

- 【方法】：选择放入素材时的编辑
  方式，包含【插入编辑】和【覆盖
  编辑】两个选项。

- 【剪辑重叠】：表示两个素材之间
  的重叠时间，可用帧或秒为单位进
  行计算。

图6-26　【序列自动化】对话框

- 【应用默认音频过渡】：若勾选该
  复选框，则两个素材之间使用默认音频过渡。

- 【应用默认视频过渡】：若勾选该复选框，则两个素材之间使用默认视频转换。

- 【忽略选项】：对于既包含音频又包含视频的素材，可以选择忽略其中之一。
7. 所选素材按排列的顺序自动添加到【时间轴】面板中，如图 6-27 所示。

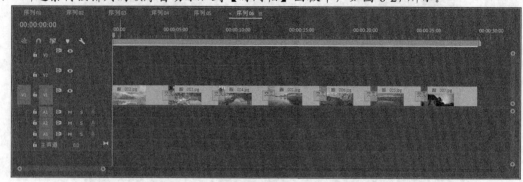

图6-27　自动添加素材

8. 在【节目】监视器中播放节目，可以看到图像之间还使用了默认的交叉溶解过渡效果，这是因为勾选了【应用默认视频过渡】复选框，系统采用了默认的交叉溶解过渡效果。
9. 选择菜单命令【文件】/【保存】，保存项目。

在缩略图显示状态下，【自动匹配序列】命令最为常用，因为这种状态下可以直接用鼠标拖动的方法来调整素材的顺序。在列表显示状态下，也可以选择素材后再使用【自动匹配序列】命令，但调整素材顺序要受到限制。另外，音频和视频素材应该分别使用【自动匹配到序列】命令，否则轨道上会出现许多间隔，使视频和音频间隔显示。

6.5　启用多机位模式切换

在现场直播节目的录制过程中，为了多角度表现主体和更好地展示空间关系，往往需要在现场进行多机位拍摄，后期制作中也需要不断切换机位进行录制，实现多机位切换效果。

6.5.1　多机位模式设置

利用 Premiere Pro 的多机位模式可以模拟现场直播节目制作中的多机位切换效果，下面通过实例来说明。

1. 接上例。选择菜单命令【文件】/【导入】，打开【导入】对话框，选择本地硬盘中的"素材\风景片段"文件夹，单击 导入文件夹 按钮，将其导入【项目】面板中。单击【项目】面板下方的 按钮，在弹出的菜单中选择【序列】命令，弹出【新建序列】对话框，新建"序列 07"，然后单击 确定 按钮，退出对话框。
2. 进入"序列 07"的【时间轴】面板，打开【项目】面板中的"风光片段"素材箱，选中"大海.mpg"，将其拖曳到【时间轴】面板的【V1】轨道，和轨道左端对齐。用相同的方法将"月亮.mp4"和"水滴.mov"分别拖曳到【V2】轨道和【V3】轨道，和轨道左端对齐。
3. 选中【时间轴】面板中【V1】【V2】轨道上的素材，右键选择【取消链接】命令，取消视频与音频的链接，删除【A1】【A2】轨道上的音频素材。
4. 选择工具栏中的 工具，按住鼠标左键向右拖曳鼠标，直至分别将【V1】和【V3】

轨道上的视频与【V2】轨道上的视频右边界对齐，如图 6-28 所示。

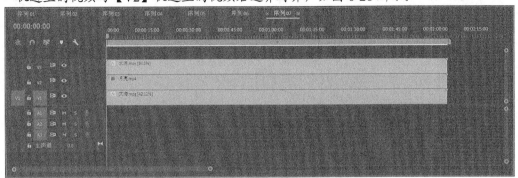

图6-28　将3段素材分别放在3个轨道上

5. 预览 3 个视频素材，发现素材"月亮.mp4"没有铺满全屏。单击【V3】轨道前方的 按钮，关闭【V3】的轨道输出，此时【节目】监视器面板上显示"月亮.mp4"素材预览。

6. 选择【V2】轨道上的"月亮.mp4"，单击【效果控件】面板中的【运动】效果，将【缩放】值设置为"136"，如图 6-29 所示，使"月亮.mp4"铺满全屏。

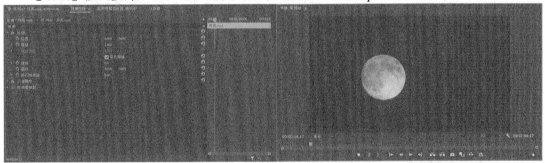

图6-29　改变素材缩放值使其铺满全屏

7. 在【时间轴】面板中单击【V3】轨道前的 按钮，打开【V3】的轨道输出。

8. 选择菜单命令【文件】/【新建】/【序列】，在弹出的【新建序列】对话框中将新建的序列命名为"多机位切换"，然后单击 确定 按钮，退出对话框。

9. 进入"多机位切换"序列的【时间轴】面板，在【项目】面板中选择"序列 07"，将其拖曳到【V1】轨道上，和轨道左端对齐，如图 6-30 所示，将"序列 07"嵌套到"多机位切换"序列中。

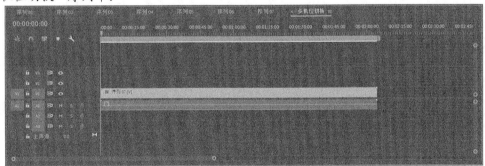

图6-30　将"序列 07"嵌套到"多机位切换"序列

10. 选中【V1】轨道上的"序列 07"，选择菜单命令【剪辑】/【多机位】/【启用】，启用多机位切换模式。也可以单击鼠标右键，在弹出的快捷菜单中选择命令【多机位】/【启用】命令，启用多机位切换模式。

11. 再次选择菜单命令【剪辑】/【多机位】，在展开的下级菜单中"相机 1""相机 2""相机 3"处于启用状态，如图 6-31 所示，这是因为在"序列 07"中放置了 3 个轨道的视频。

图6-31　3 个相机选项被激活

此时，如果选择"相机 1"，那么【节目】监视器会显示"序列 07"中【V1】轨道上的视频素材；如果选择"相机 2""相机 3"，【节目】监视器会分别显示【V2】【V3】轨道上的视频素材。

12. 在【节目】监视器面板中单击鼠标右键，在弹出的快捷菜单中选择【显示模式】/【多机位】命令，打开【多机位切换】模式监视器，如图 6-32 所示。

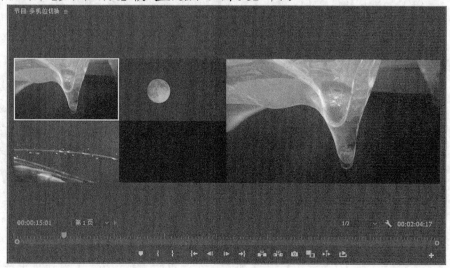

图6-32　【多机位切换】模式监视器

在【多机位切换】模式监视器中，左边被分为 4 个视图，其中显示的 3 个画面分别是"序列 07"中 3 个轨道上的视频，单击其中的一个轨道图像，该轨道视频就被选中，四周显示黄色边框，右边的全屏预览视图显示该轨道的图像。在进行节目录制时，被选中轨道的内容会被录制。不断切换不同轨道，可以实现多机位切换效果。

13. 单击【多机位切换】模式监视器下方的 按钮，或者移动时间指针，可以同时看到多轨道信号的动态变化。在浏览的同时观察各个轨道的视频图像，确定一个粗略的录制方案。

由此可以看出，多机位模式对于嵌套时间轴的多轨道操作提供了非常方便的参考，方便用户快速地进行多轨道的切换编辑。

6.5.2　录制多机位模式的切换效果

下面介绍对多机位切换的操作进行录制的方法。

1. 接上例，进一步实现多机位切换效果的录制。录制前，先确定大体录制方案如下。
   - 0～8 秒：录制 V3 素材。

- 8～17 秒：录制 V2 素材。
- 17～29 秒：录制 V1 素材。
- 29～46 秒：录制 V3 素材。
- 46～53 秒：录制 V1 素材。
- 53～68 秒：录制 V2 素材。
- 68～74 秒：录制 V3 素材。
- 74～87 秒：录制 V1 素材。
- 87～93 秒：录制 V2 素材。
- 93～103 秒：录制 V3 素材。
- 103～124 秒：录制 V1 素材。

录制后节目的播放顺序如图 6-33 所示。

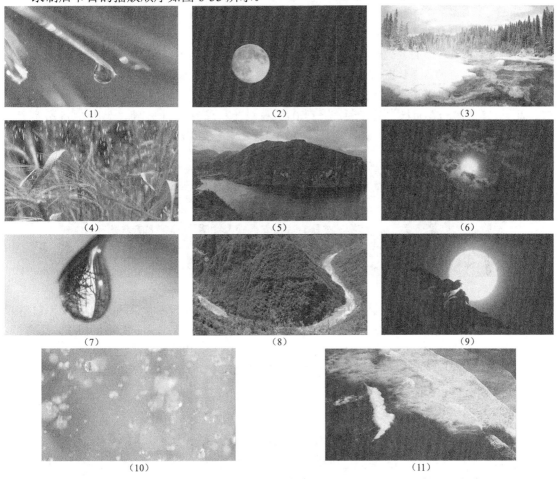

图6-33　节目的播放顺序

2. 在【多机位切换】监视器中将时间指针移动到左端，选中左边的第 3 轨图像，即选中 "序列 07" 中 V3 的视频内容，单击下方的录制开关按钮 ，单击 按钮开始录制，如图 6-34 所示。

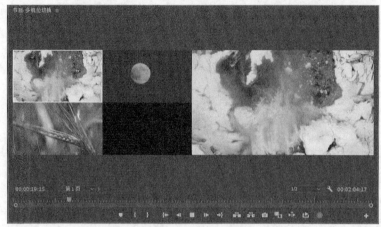

图6-34　录制多机位切换

3.　当时间指针移动到第 8 秒，单击左边的第 2 轨图像，开始录制 V2 的内容；当时间指针移动到第 17 秒，单击左边的第 1 轨图像，开始录制 V1 的内容；当时间指针移动到第 29 秒，单击左边的第 3 轨图像，开始录制 V3 的内容，以此类推。

4.　录制结束后，单击【多机位】监视器中的 按钮，在右边的全屏预览视图预览录制效果。

5.　此时，【时间轴】面板中的视频"序列 07"被截开，成为 11 个片段，如图 6-35 所示。

图6-35　录制完成后的【时间轴】面板

对于节目的多机位切换录制，需要制作者有较高的影视艺术素养和娴熟的编辑操作技能，初学者要多练习才能掌握。如果在进行以上的切换录制中，没有完成预定方案的要求，可以把"多机位切换"序列中的视频全部删掉，再次将"序列 07"拖曳进来，重新录制。需要注意的是，此时要再次选择菜单命令【剪辑】/【多机位】/【启用】，才能实现多机位切换。

6.5.3　替换内容

在【多机位】监视器中进行多机位切换录制时，如果出现了切换错误，或者因为其他原因需要暂停录制，只要单击 ■ 按钮，录制开关就会自动弹起，录制中止。要继续录制时，将时间指针移动到正确位置，再次单击 ● 按钮，选择需要的轨道图像，单击 ▶ 按钮，就可以重新开始录制。

节目录制完成之后，如果需要替换其中的部分内容，也采用相同的方法。例如，要将前面录制完毕的节目中 17～29 秒的位置替换为第 2 轨道的内容，操作步骤如下。

1.　接上例。在【节目】监视器面板中单击鼠标右键，在弹出的快捷菜单中选择【显示模式】/【多机位】命令，打开【多机位】监视器。将时间指针移动至第 17 秒，选中左边的第 2 轨道图像，单击窗口下方的录制开关按钮 ⬤，单击 ▶ 按钮，进行录制。当时间指针移动至第29秒时，单击 ■ 按钮，录制中止。

2. 录制结束后，单击【多机位】监视器中的 ▶ 按钮，预览替换录制效果。

6.6 高级编辑技巧应用实例

在 Premiere Pro 众多的编辑技巧中，择优选择合适的编辑技巧可以帮助用户更加快速有序地进行视频剪辑。不同技巧的有机结合，需要通过众多实例来积累经验。以下实例将运用部分编辑技巧对系列视频进行衔接。

1. 启动 Premiere Pro，打开"6.7 高级编辑技巧应用实例.prproj"项目文件。双击打开"视频素材"素材箱，这时可以看到文件夹中有 8 段以"海底世界"为主题的视频片段，如图 6-36 所示。下面将这 8 段视频片段有选择地剪辑成一个完整的故事片段。

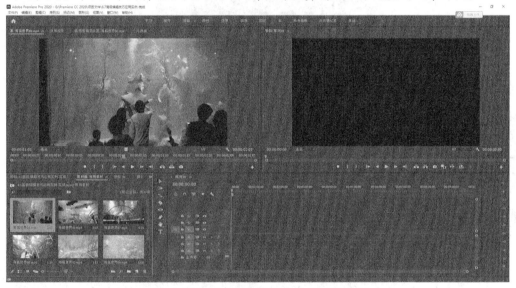

图6-36　对【项目】面板中的视频素材进行剪辑编辑

2. 在正式剪辑之前，首先需要对已有素材进行了解和认知。依次双击故事板中的视频素材，在【源】面板中进行初步预览，可以发现这 8 段素材的拍摄场景有所重复，因此需要先进行素材的整理和分类。在列表视图下，选择素材后单击鼠标右键，在弹出的快捷菜单中选择【标签】命令，为素材设置标签颜色，通过不同的标签颜色对素材进行初步分类。对场景相近的素材进行标签分类，如图 6-37 所示。

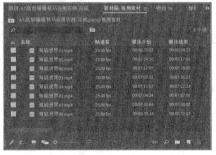

图6-37　对视频文件进行标签分类

3. 将蓝色标签的 3 段视频素材拖入"序列 01"的【时间轴】面板，如图 6-38 所示。在
【剪辑不匹配警告】对话框中单击 按钮，如图 6-39 所示。

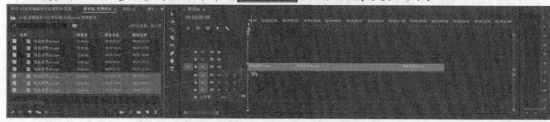

图6-38　将蓝色标签的素材拖入"序列 01"中

图6-39　【剪辑不匹配警告】对话框

4. 拖曳【时间轴】底部的缩放条滑块 ，将时间标尺缩放到合适的大小，如图
6-40 所示。

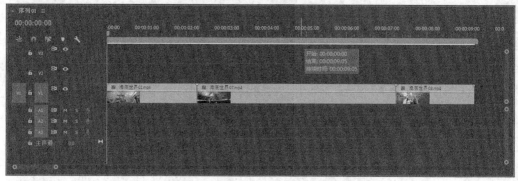

图6-40　缩放时间标尺到适合观看的大小

5. 在【节目】监视器面板中进行视频预览。发现 3 段视频均有镜头运动，且"海底世界
07"视频中的部分镜头与"海底世界 08"重复，需要做初步的剪辑，如图 6-41 所示。

图6-41　视频"海底世界 07"和"海底世界 08"中的重复镜头

6. 双击视频素材"海底世界 07"，在【源】面板中通过设置出点和入点对"海底世界
07"进行初步粗剪，只保留素材中的第 1 个镜头，如图 6-42 所示。

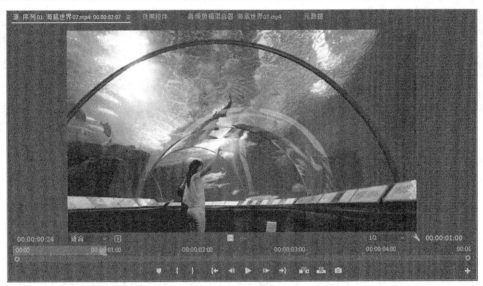

图6-42　对视频"海底世界07"进行初步粗剪

7. 对 3 段视频进行精简，需要仔细研究 3 个镜头的运动规律。根据第 1 章所介绍的剪接
原则，可将镜头进行如下对接。

(1) 00:00:00:00 ~ 00:00:00:22 视频"海底世界07"：女孩走进海底世界。

(2) 00:00:00:22 ~ 00:00:02:00 视频"海底世界08"：男孩和女孩的手指向鱼群。

(3) 00:00:02:00 ~ 00:00:03:06 视频"海底世界02"：鱼群游向观众。

如图 6-43 所示。

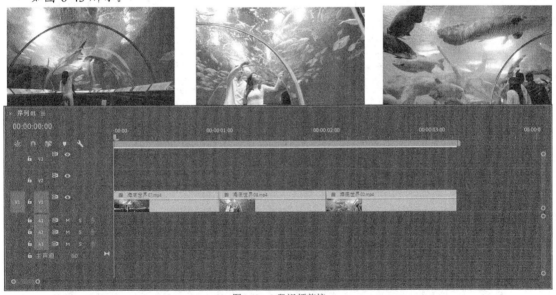

图6-43　3 段视频剪接

视频剪接过程中须注意视频的取舍和节奏。大胆剪掉抖动或模糊的镜头，同时注意单个
镜头的长度，把握剪接的整体节奏。

8. 在【项目】面板中新建"序列 02"，如图 6-44 所示，将黄色标签素材拖入"序列
02"的【时间轴】面板。

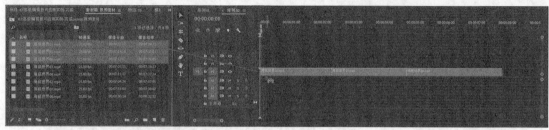

图6-44　创建"序列 02"进行剪辑

9.　观察需要剪辑的 3 段视频，此 3 段视频均记录了工作人员在水中喂鱼的画面，并且视频长度基本相同，因此可运用多机位模式进行剪辑。

10.　分别将视频"海底世界 01""海底世界 05"拖曳至【V3】和【V2】轨道，并和轨道左端对齐，如图 6-45 所示。

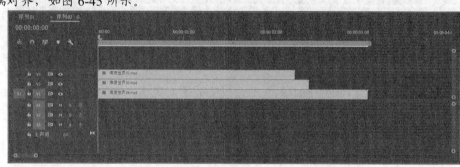

图6-45　将视频分别拖曳至【V3】和【V2】轨道

11.　选择工具栏中的 工具，按住鼠标左键向右拖曳鼠标，直至分别将【V1】和【V2】轨道上的视频与【V3】轨道上的视频右边界对齐，如图 6-46 所示。

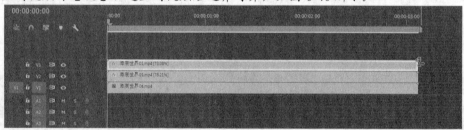

图6-46　调整视频时间长度

12.　在【项目】面板中新建序列"序列 03"，将"序列 02"拖曳到"序列 03"时间轴的【V1】轨道上，和轨道左端对齐，如图 6-47 所示。

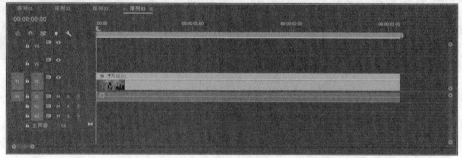

图6-47　将"序列 02"拖曳到"序列 03"的时间轴上

13. 选中【时间轴】面板上的"序列 02"，选择菜单命令【剪辑】/【多机位】/【启用】，启用多机位切换模式。在【节目】监视器面板中单击鼠标右键，在弹出的快捷菜单中选择【显示模式】/【多机位】命令，打开【多机位切换】监视器，如图 6-48 所示。

图6-48　启动多机位切换模式

14. 单击【多机位切换】面板下方的录制开关按钮 ，单击 按钮，进行录制。单击 按钮，录制中止，如图 6-49 所示。

图6-49　进行多机位剪辑

15. 多机位剪辑只能对视频进行粗略的镜头筛选，仍须通过运用其他修剪工具对视频进行进一步的精剪。

16. 在【项目】面板中新建"序列 04"，将已经完成剪辑的"序列 01""序列 03"拖曳到"序列 04"的时间轴上，如图 6-50 所示。

图6-50　将"序列 01""序列 03"拖曳到"序列 04"的时间轴上

17. 预览时间轴上的视频，发现"序列 01"观看鱼群的镜头与"序列 03"中喂鱼的镜头衔接突兀，需要加入一个空镜进行转场。

18. 在"视频素材"素材箱中双击视频素材"海底世界 03"，使其在【源】面板中预览。由于过渡不需要过多的视频长度，可以在【源】面板中对素材设置出点和入点，进行初步的剪辑，如图 6-51 所示。

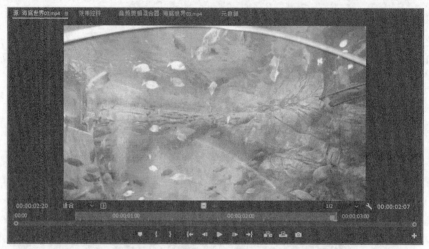

图6-51　在【源】面板中设置素材出入点

19. 将【时间轴】面板中的时间指针拖放到"序列 01"和"序列 03"两个素材之间，在【源】监视器面板下方单击插入按钮，将剪辑好的"海底世界 03"素材插入时间轴上的"序列 01"和"序列 03"两个素材之间，如图 6-52 所示。

图6-52　将剪辑好的视频素材插入时间轴上

20. 在【节目】监视器中进行视频预览，此时"序列 01"与"海底世界 03"之间的衔接正常，但"海底世界 03"与"序列 03"之间的衔接仍不顺畅。为了解决衔接问题，可为视频添加视频过渡效果。在【效果】面板中选择菜单命令【视频过渡】/【溶解】/【交叉溶解】，拖曳【交叉溶解】到"序列 03"上，如图 6-53 所示，调整过渡时间长度。再次预览，此时衔接正常。

图6-53　添加交叉溶解过渡效果

至此，实例视频剪辑基本完成，最终显示效果如图 6-54 所示。

图6-54　视频最终显示效果

这个实例运用多种剪辑编辑技巧，对一系列众多素材进行了由粗至精的剪辑。Premiere Pro 2020 中的编辑技巧十分丰富，需要在实践中根据不同素材的实际情况进行选择。希望大家能够举一反三，熟练运用 Premiere Pro 2020 中的各种编辑技巧，制作出更加精美、细致的视频作品。

6.7 小结

本章介绍了后期非线性编辑中的高级技巧。使用嵌套序列的方法，可以让复杂的非线性编辑工作简明清晰，井然有序。三点和四点编辑用来在【时间轴】面板中插入和覆盖视频。使用特殊的编辑工具可以达到事半功倍的效果，将素材快速放入【时间轴】面板中，为电子相册的制作提供了更快捷的方式。多机位切换模式可以模拟现场节目录制中的多机位切换效果。这些内容非常丰富，是以后进行节目编辑的基础。

6.8 习题

1. 利用序列嵌套实现画中画效果。
2. 使用三点编辑对【时间轴】面板中的视频进行插入操作。
3. 使用四点编辑对【时间轴】面板中的视频进行覆盖操作。
4. 使用多机位切换模式，对现场同期拍摄的 4 个机位的素材进行多机位切换的录制。

第7章 音频素材的编辑处理

音频是一部完整的影视作品中不可或缺的组成部分，声音和视频在影视节目中相辅相成，互为依存。在节目中正确处理与运用音频，既是增强节目真实感的需要，也是增强节目艺术感染力的需要。虽然和专业音频处理软件相比，Premiere Pro 2020 在音频处理上略逊一筹，但处理一般影视节目的音频还是游刃有余。可以通过调节音频的音量，设置关键帧，使音量随时间的变化而变化。利用音频混合器，可以混合、调整项目中所有音频轨道上的声音，还可以对各个轨道音频应用效果、声像、平衡或改变音量等。通过 Premiere Pro 的 20多种音频效果，可以对声音进行美化。

【教学目标】
- 了解音频的不同类型。
- 掌握如何通过【音频增益】命令、【效果控件】面板调节音量。
- 掌握恒定功率、恒定增益音频过渡效果的使用。
- 了解【音频混合器】面板的使用方法。

7.1 导入音频

Premiere Pro 2020 可以在导入音频的过程中统一音频的格式，使导入的音频与项目中的音频设置相匹配。如果项目音频采样率设置为 48kHz，则所有导入音频文件的采样率都将转换为 48kHz。

在将音频素材导入【时间轴】面板之前，需要使导入的音频素材符合制作要求。导入音频素材与导入视频素材的方式差不多，这里仅做简单介绍，方法如下。

1. 运行 Premiere Pro 2020，选择【新建项目】，打开【新建项目】对话框，输入名称"T7"，单击 确定 按钮。
2. 在【项目】面板中单击 按钮，在弹出的菜单中选择【序列】命令，弹出【新建序列】对话框，切换到【设置】选项卡，在【音频】分组框中设置音频的【采样速率】为"48000Hz"，【显示格式】为"音频采样"，如图 7-1 所示。
3. 切换到【轨道】选项卡，在【音频】分组框中设置音频轨道。音频轨道可以分为不同的类型，如图 7-2 所示。

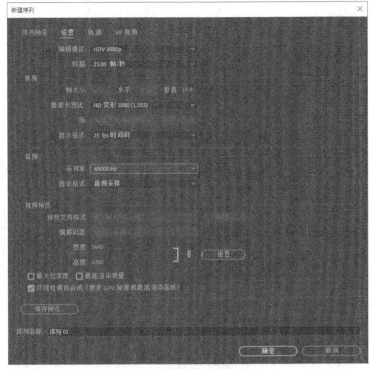

图7-1　设置音频的采样速率和显示格式

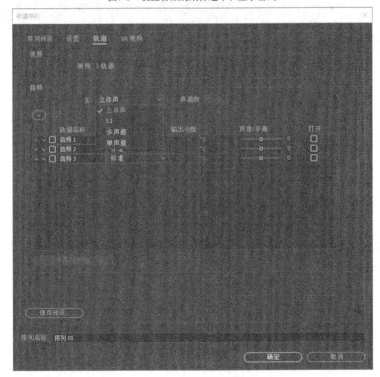

图7-2　【音频】分组框

按照信号的走向和编组功能，可分为普通音频轨道、子混音轨道和主音频轨道。普通音频轨道上包含实际的声音波形。子混音轨道没有实际的声音波形，用于管理混音，统一调整音频效果。主音频轨道相当于调音台的主输出，它汇集所有音频的信号，然后重新分配输出。

从听觉效果上，按照声道的多少，音频可分为立体声、5.1 声道、多声道和单声道 4 种类型。无论是普通音频轨道、子混音轨道还是主音频轨道，均可以设置为这 4 种声道的组合形式。

4.　输入序列名称"序列 01"，单击 确定 按钮。在【项目】面板中双击，打开【导入】对话框。定位到本地硬盘，选择"素材\音频素材\music01.wav"，单击 打开(O) 按钮导入。

5.　在【项目】面板中双击音频，在【源】监视器面板中显示该音频的波形。上下两条波形曲线表示这个音频素材是双声道的。单击【源】监视器面板下方的 ▶ 按钮，播放音频，如图 7-3 所示。

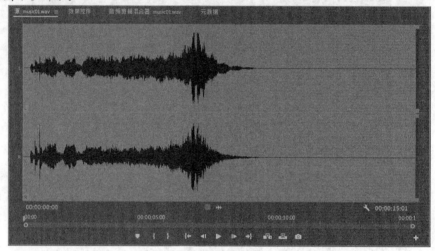

图7-3　音频的波形

要点提示　在【源】监视器面板中播放音频，可以设置音频的出点和入点，然后把出点和入点之间的音频拖动到【时间轴】面板中，通过这种方法可以不用拖动整段音频。

7.2　声道与音频轨道

音频轨道是【时间轴】面板中放置音频素材的轨道，音频素材可以有不同的声道，如立体声、5.1 声道、多声道和单声道，通过查看音频文件属性就可以看出声道数目。音频素材按声道数目只能放在对应的音频轨道上。目前使用最多的是单声道和立体双声道音频素材，为了方便使用，Premiere Pro 2020 提供了相互转换的命令。音频素材声道的处理方法如下。

1.　接上例。在【项目】面板中选择"music01.wav"，在列表视图下从其显示的"音频信息"中可以看出是立体声。

2.　在【项目】面板中选中音频素材"music01.wav"，选择菜单命令【剪辑】/【音频选项】/【拆分为单声道】，将"music01.wav"的左右声道分离成"music01.wav 右侧""music01.wav 左对齐"两个文件，同时"music01.wav"依然保留，如图 7-4 所示。

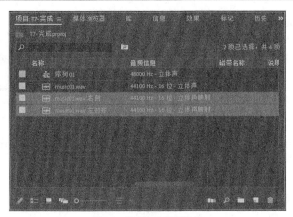

图7-4　分离出的音频素材

3. 从【项目】面板中仅选择"music01.wav 右侧",按住鼠标左键将其拖入【时间轴】面板中的【A1】轨道,按 Alt + ┼┼组合键展开并扩大音轨,如图 7-5 所示。可以看出这一音轨被设置成单声道,波形曲线也只有一条。

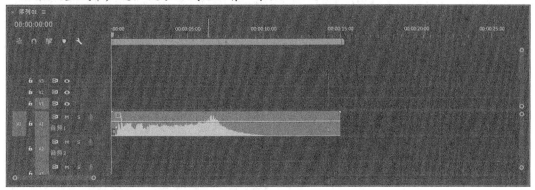

图7-5　添加分离音频到【A1】轨道

7.3　音频素材编辑处理

与视频素材编辑基本一样,在【时间轴】面板中经常需要调节音频的音量。Premiere Pro 2020 可以通过以下几种方法对音量进行调节。

7.3.1　使用【音频增益】命令调节音量

通过升高或降低音频增益的分贝数,可以调整整段素材的音量。如果素材音量过低,需要升高音频的增益,反之则需要降低音频的增益。在进行数字化采样时,如果素材片段的音频信号设置得太低,调节增益进行放大处理后会产生很多噪声,因此在进行数字化采样时,要设置好硬件的输入级别。

使用增益调节音量的方法如下。

1. 接上例。选择【时间轴】面板中【A1】轨道上的"music01.wav 右侧",按 Delete 键将其删除。

2. 在【项目】面板中选择"music01.wav"并将其拖曳到【时间轴】面板中的【A1】轨道,选中

【A1】轨道上的"music01.wav"，单击鼠标右键，在弹出的快捷菜单中选择【音频增益】命令，打开【音频增益】对话框，如图 7-6 所示。

3. 输入增益值，改变素材的音量。若设置为"0"，则采用原始素材的音量；若设置大于"0"，则提高素材的音量；若设置小于"0"，则降低素材的音量。选择【标准化所有峰值为】选项，系统自动设置素材中的音量放大到系统能产生的最高音量需要的增益。

图7-6　【音频增益】对话框

4. 单击 确定 按钮，关闭对话框。

7.3.2　使用素材关键帧调节音量渐变

音频素材的渐变包括缓入和缓出，缓入就是指声音从无到有，而缓出则正好相反。音频素材的渐变调整与视频素材的渐变调整完全一样，但音频素材的渐变处理是对音量增益的调整，因此它的数值可以达到 200%。使用关键帧可以对音频某部分的音量进行调节，产生渐强和减弱的渐变效果。在【时间轴】面板中通过钢笔工具 或按 Ctrl 键使用选择工具 创建关键帧，改变音量，或者在【效果控件】面板中通过创建关键帧、改变音频的音量级别效果调节音量。

在【时间轴】面板中调节音量，方法如下。

1. 接上例。双击音频轨道名称的空白处，展开显示关键帧按钮 ，在弹出的菜单中选择【剪辑关键帧】命令，如图 7-7 所示。

2. 将鼠标指针放在【A1】轨道的下边缘，向下拖动轨道，调整【A1】轨道的高度，以方便在该轨道的素材上创建和调整关键帧，如图 7-8 所示。

图7-7　选择【剪辑关键帧】命令

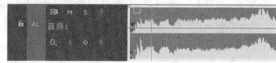

图7-8　调整【A1】轨道的高度

3. 将鼠标指针悬停在音量级别曲线上（左右声道之间一条水平细线），直到鼠标指针变成垂直调整工具形状 为止。上下拖动细线可调整音频的音量。

> 重点提示　音量增益以 dB 为单位，初始状态是 0 dB。在调整过程中，会在鼠标指针下方出现控制点位置和数值大小显示，以帮助用户实现精确调整。

4. 选择工具栏中的钢笔工具 或按 Ctrl 键选择选择工具 ，在左声道和右声道之间细线上的音频的头帧、尾帧、中间处依次单击 4 次，创建 4 个关键帧，如图 7-9 所示。

5. 把开始和结尾处的两个关键帧拖动到音频素材的底部，分别创建声音渐强和渐弱的效果，如图 7-10 所示。

图7-9　创建 4 个关键帧

图7-10　改变关键帧处的音量值

6. 按空格键，播放音频素材。

7. 分别选中第 2 个关键帧、第 3 个关键帧，并单击鼠标右键，在弹出的快捷菜单中设置关键帧插值方式为"缓入""缓出"，如图 7-11 所示。

图7-11　选择关键帧插值方式

8. 再次按空格键，播放音频素材。改变插值方法后的音量变化过渡更加符合听觉习惯。

在【效果控件】面板中同样可以为音量的级别参数设置关键帧调节音量，方法和在【时间轴】面板中调节的方法相似，这里不再赘述。需要注意的是，在【效果控件】面板中音量特效有一个【旁路】选项，它可以控制效果的打开与关闭。其参数的使用方法如下。

1. 接上例。选中音频素材，打开【效果控件】面板。单击【音量】旁的▶图标，展开【音量】面板，在时间轴区域应用到音频素材上的关键帧及插值方法都会显示在【效果控件】面板右侧的【时间轴】面板上，如图 7-12 所示。

图7-12　时间轴区域

2. 在音频素材的任何位置勾选【旁路】复选框，可以恢复原来的音量，如图 7-13 所示。

图7-13　勾选【旁路】复选框

3. 通过关键帧导航器将时间指针移动到第 3 个关键帧处，取消【旁路】复选框的勾选，如图 7-14 所示。

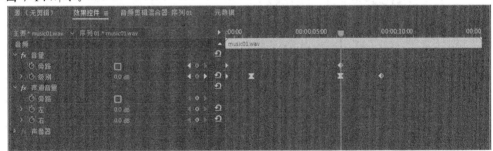

图7-14　在第 3 个关键帧处关闭旁路

4. 按空格键，播放音频素材。由于旁路关键帧的设置，电平参数的第 1 个关键帧不起作用，音量一直保持不变，直到播放到第 3 个关键帧处，音量才出现渐弱的变化。

7.3.3　使用音频过渡

音频过渡，就是指一个音频素材逐渐过渡到另一个音频素材。与视频过渡不同，音频过渡只有一种交叉淡化方式：一个声音逐渐消失，同时另一个声音逐渐出现。打开【效果】面板，展开【音频过渡】分类夹，就会看到相应的过渡效果，如图 7-15 所示。【恒定功率】过渡以人的听觉规律为基础，产生一种听觉上的线性变化；而【恒定增益】则采用了简单的数字线性变化。【恒定功率】过渡被设置为默认过渡，因此名称前的图标加了蓝框。

图7-15　【音频过渡】分类夹

使用音频过渡的方法如下。

1. 接上例。选择【效果控件】面板右侧时间轴区域上的所有关键帧，按 Delete 键删除。
2. 切换到【效果】选项卡，在打开的【效果】面板中选择【音频过渡】/【交叉淡化】/【恒定增益】过渡，将其拖到【时间轴】面板中音频素材的起始位置，如图 7-16 所示。

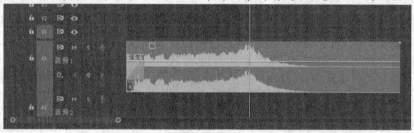

图7-16　将【恒定增益】过渡拖放到音频素材

3. 单击该素材上添加的【恒定增益】过渡矩形，打开【效果控件】面板。
4. 将【持续时间】设置为"00:00:03:00"，这样可以得到更好的淡入效果，图 7-17 所示。

图7-17　设置【持续时间】参数

5. 将【恒定增益】过渡拖放到【时间轴】面板中音频素材的尾部，重复以上步骤，设置【持续时间】为"00:00:03:00"，创建淡出效果，如图 7-18 所示。

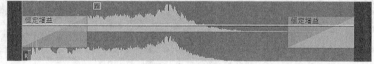

图7-18　音频尾部添加过渡

6. 按空格键，播放素材，可以听到音乐开始出现时音量逐渐增强、结束时音量逐渐减弱的效果。
7. 选中"music01.wav"开头和结尾处的【恒定增益】过渡，分别按 Delete 键将其删除。

8. 将【项目】面板中的音频素材"music01.wav"拖到【时间轴】面板中"music01.wav"
   之后的位置，如图 7-19 所示。

图7-19　拖放第 2 段音频到【时间轴】面板

9. 选择波纹编辑工具 ⊞，将左边"music01.wav"的尾部剪裁 6 秒的长度，将右边的
   "music01.wav"的开始处剪裁 1 秒的长度。

10. 将【效果】面板中的【恒定功率】过渡拖到【时间轴】面板中两段音频素材的编辑
    点，如图 7-20 所示，在【效果控件】面板中设置【持续时间】为"00:00:03:00"。

11. 按空格键，播放素材，可以听到声音在编辑点产生了交叉淡化效果。

> 要点提示　可以将【恒定增益】过渡拖动到音频素材已添加的过渡效果上，取代恒定功率效果，如图 7-21 所
> 　　　　　示。恒定增益效果以恒定的速度使音频在素材间切入和切出，这种变化效果听起来更为机械。

图7-20　把效果放在两段音频素材的编辑点处

图7-21　使用恒定增益特效

7.4　使用调音台

　　Premiere Pro 2020 的【音轨混合器】面板模拟传统的调音台，其结构与功能和传统调音
台非常相似，同时又加入了数字调音台许多新的特性。选择菜单命令【窗口】/【音轨混合
器】，调出【音轨混合器】面板，此面板的每个音频轨道与【时间轴】面板的音频轨道一一
对应，并能进行单独的控制。在【音轨混合器】面板中，可以一边听着声音、看着轨道，一
边调节音频的音量、声像和平衡，还可以自动记录调节过程。利用【音轨混合器】面板还可
以录制音频，也可以在播放其他音频轨道声音的同时，单独倾听一个独奏音轨的声音。【音
轨混合器】面板如图 7-22 所示。

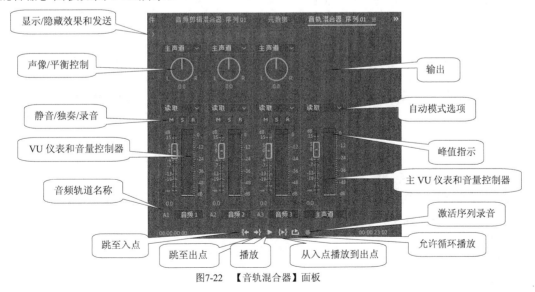

图7-22　【音轨混合器】面板

图 7-22 中的部分注释介绍如下。

(1)　轨道名称：对应显示【时间轴】面板中的各音轨。如果增加了"音频 4"等音轨，也会在【音轨混合器】面板中显示。

(2)　【自动模式】下拉列表，如图 7-23 所示。

图7-23　【自动模式】下拉列表

- 【关】：忽略播放过程中的任何修改。只测试一些调整，不进行录制。
- 【读取】：在播放时读取轨道的自动化设置，并使用这些设置控制轨道播放。如果之前没有设置轨道，那么调节任意选项将对轨道进行整体调整。
- 【闭锁】：播放时可以修改音量等级和声像、平衡数值，并且进行自动记录。释放鼠标按键后，控制将回到原来的位置。
- 【触动】：播放时可以修改音量等级和声像、平衡数值，并且进行自动记录。释放鼠标按键后，保持控制设置不变。
- 【写入】：播放时可以修改音量等级和声像、平衡数值，并且进行自动记录。如果想预先设置，然后在整个录制过程中都保持这种特殊的设置，或者开始播放后立即写入自动处理过程，应该选择此项。

(3)　主 VU 仪表和音量控制器：仅显示主音轨的 UV 表。

(4)　VU 仪表和音量控制器：使处于录制状态的音轨 UV 表仅显示通过声卡输入的声音电平，此时调整音轨电平的推子会消失。

(5)　显示/隐藏效果与发送：可以在进一步打开的面板中显示效果区和发送区。

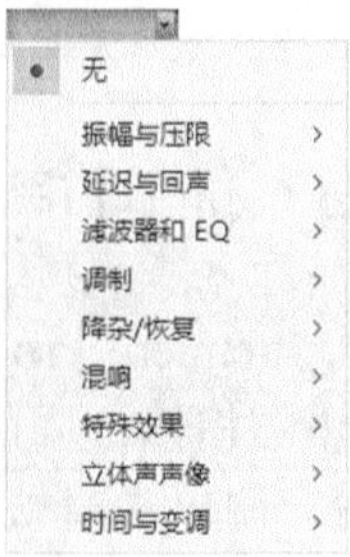

图7-24　下拉菜单

- 效果区：将鼠标指针移入对应方框的下拉三角时会呈 显示，单击 会打开图 7-24 所示的下拉菜单，用户可以从该下拉菜单中设置音轨效果。最多可以为当前音轨同时设置 5 个音频效果。
- 发送区：从中可以选择当前音轨发送到哪个子混合音轨或主音轨。最多可以将当前音轨同时发送到 5 个子混合音轨或主音轨。对于不存在的子混合音轨，还可以利用下拉菜单中的命令制作。

自动模式选项中的【写入】选项和【触动】选项都涉及一个经过时间的问题。选择菜单命令【编辑】/【首选项】/【音频】，对【音频】设置中的【自动匹配时间】进行修改，就可以调整这个时间的长短，如图 7-25 所示。【自动匹配时间】的默认设置是"1.000 秒"。单击【音轨混合器】面板右侧的 按钮，会打开图 7-26 所示的下拉菜单。菜单中的常用命令介绍如下。

- 【显示音频时间单位】：使时间显示采用音频采样单位，以提高编辑精度。
- 【循环】：循环播放。
- 【写入后切换到触动】：选择这一命令，所有自动选项中选择【写入】的音轨在播放停止或循环播放结束后自动转换为触动。

图7-25　【音频】设置中的【自动匹配时间】

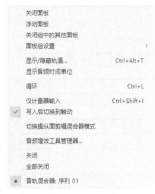

图7-26　下拉菜单

7.4.1　自动模式音频控制

在使用自动模式音频控制之前，首先介绍两个概念：音量与平衡。

- 音量又称虚声源或感觉声源，指用两个或两个以上的音箱进行放音时，听者对声音位置的感觉印象，有时也称这种感觉印象为幻象。使用音量，可以在多声道中对声音进行定位。

- 平衡是在多声道之间调节音量，它与声像调节完全不同，音量改变的是声音的空间信息，而平衡改变的是声道之间的相对属性。平衡可以在多声道音频轨道之间重新分配声道中的音频信号。

调节单声道音频，可以调节音量，在左右声道或多个声道之间定位。例如，一个人的讲话，可以移动声像同人的位置相对应。调节立体声音频，因为左右声道已经包含了音频信息，所以声像无法移动，调节的是音频左右声道的音量平衡。

在播放音频时，使用【音轨混合器】面板中的自动化音频控制功能，可以将对音量、声像、平衡的调节实时自动地添加到音频轨道中，产生动态的变化效果。

对音轨的预先设置，就是在自动模式的写入状态下，记录对音轨播放情况的实时控制，弥补在【时间轴】面板中所做调整不能实时反馈、工作量大的缺点。【音轨混合器】面板中只要有参数变化的项目，都可以实时记录并在【时间轴】面板中相应的控制线上显示各个关键帧。当【音轨混合器】面板中的多条音轨都存在音频素材时，一般先进行单条音轨的调整。

一、　使用自动化功能调节轨道音量

使用自动化功能调节轨道音量的方法如下。

1. 接上例。删除【A1】轨道上的所有音频素材，打开【项目】面板，将音频素材"music01.wav"重新拖放到【A1】轨道上。

2. 选中【A1】轨道上的"music01.wav"素材，切换到【音轨混合器】选项卡，打开【音

轨混合器】面板，找到与要调整的【时间轴】面板中【A1】轨道对应的调音台【A1】
轨道。单击顶部的【自动模式】下拉列表，选择【写入】选项。

3. 单击【音轨混合器】面板中的▶按钮开始播放，也可以单击↻按钮循环播放，或者单
击┣┫按钮在入点和出点之间播放。

4. 拖动音量调节按钮┃改变音量，向上拖动增大音量，向下拖动减小音量。如果 VU 表顶
部的红色指示灯变亮，表示音量超过了最大负载，通称"过载"。拖动时应确保 VU 表
上显示的峰值最多为黄色。

5. 单击■按钮停止播放。

6. 将时间指针拖动到调整的开始位置，单击▶按钮对音乐进行预览播放，声音音量的变
化过程被系统自动记录。

7. 双击【时间轴】面板中的【A1】轨道，显示关键帧按钮○，在弹出的下拉菜单中选择
【轨道关键帧】/【音量】，可以看到自动记录的关键帧，如图 7-27 所示。

图7-27　自动记录的关键帧

二、　使用自动控制功能调节音频左/右平衡

使用自动控制功能记录声像或平衡的调节，方法如下。

1. 接上例。确定选中 "music01.wav" 素材，在【音轨混合器】面板中【A1】轨道的顶部
继续选择【写入】选项，如图 7-28 所示。

2. 在【音轨混合器】面板中单击▶按钮播放音频。

3. 将鼠标指针移至【左/右平衡】◉按钮处并拖曳，如图 7-29 所示。按钮沿顺时针方向旋
转可以向右改变平衡，沿逆时针方向旋转可以向左改变平衡。如果导入的是单声道音
频，拖动【左/右平衡】◉按钮可以对音频的声像进行定位。

4. 单击■按钮停止播放。将时间指针拖动到调整的开始位置，单击▶按钮对音乐进行预
览播放。

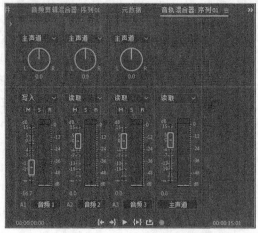

图7-28　【音轨混合器】面板

图7-29　左/右平衡调节按钮

7.4.2 制作录音

Premiere Pro 2020 的【音轨混合器】面板具有录音功能，可以录制由声卡输入的任何声音。使用录音功能，首先必须保证计算机的硬件输入设备被正确连接。录制的声音可以成为音频轨道上的一个音频素材，还可以将其输出保存，使用方法如下。

1. 在【音轨混合器】面板中单击激活录制轨按钮 R ，这时轨道按钮 变为红色，激活要录制的音频轨道。
2. 激活录音后，上方会出现音频输入的设备选项，选择输入音频的设备，如图 7-30 所示。
3. 单击【音轨混合器】面板下方的录制按钮 ，然后单击 按钮，即可进行解说或演奏。
4. 单击 按钮停止录制，刚才录制的声音出现在当前音频轨道上，如图 7-31 所示。

图7-30 选择输入设备

图7-31 录制的声音

7.4.3 添加轨道音频效果

除了像添加视频效果那样，直接为音频素材添加音频效果外，还可以在【音轨混合器】面板中向音频轨道添加效果，为轨道中的音频统一添加效果。【音轨混合器】面板中最多可以添加 5 种效果，Premiere Pro 2020 按照各种效果在列表中的排列顺序处理，顺序变动会影响最终效果。

使用轨道音频效果的方法如下。

1. 接上例。在【音轨混合器】面板中找到与要调整的【时间轴】面板中【A1】轨道对应的音轨混合器轨道 "A1 音频 1"，单击【音轨混合器】面板左侧的显示/隐藏效果与发送按钮 ，展开【效果和发送】面板，如图 7-32 所示。
2. 单击【A1】效果区的 按钮，展开下拉列表，选择【延迟与回声】/【延迟】，将延迟效果添加到【A1】轨道上，如图 7-33 所示。此时的效果是添加到整个音频轨道上。如果该轨道上有其他音频，则所有的音频同时添加该效果。
3. 在【发送】面板下方选择设置所选择参数值按钮 并按住鼠标左键左右拖动，可改变所选择参数值，如图 7-34 所示。
4. 如果希望切换到另一个效果，就单击效果右侧的箭头 ，选择另外一种特效。
5. 单击效果控制右上角的 按钮，斜线出现在图标上 ，关闭该效果。再次单击图标按钮 ，斜线消失，变为 按钮，打开该效果。
6. 如果想删除效果，可以单击已设置效果右侧的箭头 ，在弹出的下拉列表中选择【无】命令进行删除。

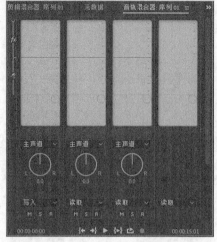

图7-32　展开【效果和发送】面板

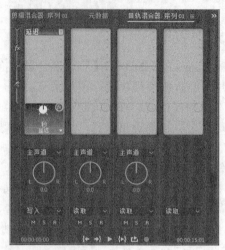

图7-33　选择延迟效果

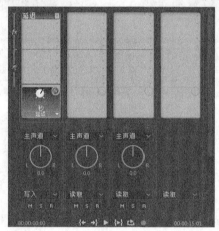

图7-34　设置延迟参数值

7.4.4　创建子混音轨道和发送

Premiere Pro 2020 不仅可以将音频合成输出到主音轨上，也可以将音频先发送到子混音轨道，在子混音轨道进行统一处理后，再输出到主音轨上。通过添加子混音轨道，可以简化混音过程。与许多专业音频处理软件一样，子混合音轨不能直接放置音频素材，只能接受从其他音轨送入的音频信号，是其他音轨与主音轨之间的桥梁。子混合音轨的作用是实现对多音轨的同时调整。假设有 4 个音轨，需要对其中的两个音轨添加相同的效果。利用音轨混合器，可以先将这两个音轨发送到子混音轨道上，对子混音轨道统一添加效果，然后再输出到主音轨上。对于特别复杂的音频混合，也可以将子混音轨道处理好的信号继续输出到其他的子混音轨道上进行处理。一条子混音轨道也可以送入另一条子混音轨道，但为了防止循环反馈，只能是【音轨混合器】面板中左边的子混音轨道送入右边的子混音轨道，反之则不行。

一、　创建子混音轨道

1. 创建子混音轨道，可以单击【效果和发送】面板【发送区】中的 按钮，在弹出的下拉菜单中选择一种子混音轨道类型，创建新的子混音轨道，如图 7-35 所示。

2. 也可以在【时间轴】面板中创建子混音轨道。在音频轨道标题上单击鼠标右键，在弹出的快捷菜单中选择【添加轨道】命令，如图 7-36 所示，打开【添加轨道】对话框。

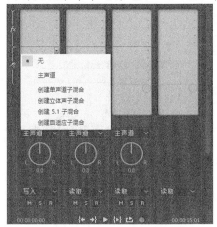

图7-35　创建子混音轨道

图7-36　选择【添加轨道】命令

3. 设置音频子混音轨道的个数及类型，如图 7-37 所示，如果不希望添加其他的音频或视频轨道，可以在其他选项中输入 "0"。

4. 在【音轨混合器】面板中单击【效果和发送】面板【发送区】中的█按钮，在弹出的下拉菜单中可以选择【子混合 1】等选项，如图 7-38 所示。

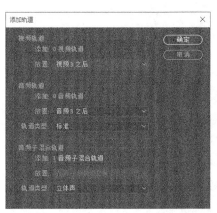

图7-37　设置音频子混音轨道的个数及类型

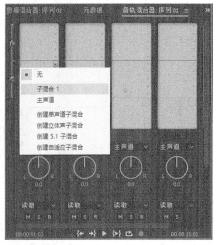

图7-38　选择【子混合 1】轨道

　　一条音轨可以通过发送和输出两种途径送入子混音轨道。输出只能有一条目标音轨，默认情况下输出被设置到主音轨，在输出的下拉选项中可以更改输出的目标音轨。发送可以有5 条目标音轨，在发送选项中有一个旋钮可以调整发送到目标音轨的音量。

　　二、　将音轨输出到子混音轨道

1. 在【项目】面板中新建 "序列 02"，添加任意音频素材分别到【A1】【A2】轨道上，在音轨名称处单击鼠标右键，从弹出的快捷菜单中选择【添加轨道】命令，打开【添加轨道】对话框，增加一条音频子混音轨道，如图 7-39 所示。

2. 单击 确定 按钮退出，即在【时间轴】面板和【音轨混合器】面板中相应地增加了一条子混音轨道。

3. 在【时间轴】面板的音轨名称处单击鼠标右键，从弹出的快捷菜单中选择【删除轨道】命令，打开【删除轨道】面板，勾选【删除音频轨道】复选框，如图 7-40 所示。

图7-39　增加一条音频子混音轨道

图7-40　选择删除音频轨道

4. 单击【所有空轨道】右侧的 按钮，在打开的下拉列表中选择【音频 3】后单击 确定 按钮退出，【A3】中的"音频 3"轨道被删除。

5. 在【音轨混合器】面板中，将"音频 1"和"音频 2"轨道输出分配到"子混合 1"轨道，然后为"子混合 1"轨道设置一个低音效果，如图 7-41 所示。

图7-41　设置"子混合 1"轨道

6. 单击 按钮，再单击 按钮循环播放，使用"子混合 1"音轨的推子调整音量，能够听到"子混合 1"音轨同时对原来的两条音轨产生了影响。

三、将音轨发送到子混合音轨

1. 接上例。在【音轨混合器】面板中，将"音频 1"轨和"音频 2"轨道的输出改为"主声道"，将"音频 1"轨和"音频 2"轨道的"发送分配"设为"子混合 1"轨道，如图

7-42 所示。

2. 单击▶按钮循环播放，可以听到"子混合 1"音轨并没有起作用，这是由于发送选项中的音量旋钮被设置为 dB 的缘故。将"音频 1"音轨和"音频 2"音轨"发送分配"选项中的音量旋钮设置为最大，如图 7-43 所示。

> **要点提示** 音量旋钮被设置为最大后，能够听到"子混合 1"音轨的作用。但和前一个实例相比，效果并不明显，这是由于"音频 1"和"音频 2"音轨也被同时输出到主声道的缘故。

3. 将"音频 1"轨静音，在播放过程中把"音频 2"音轨的推子拖到最下面，可以发现"音频 2"音轨没有信号发送到"子混合 1"音轨，"音频 2"音轨输出到主声道的信号也设为最低，因此听不到任何声音。

4. 在"音频 2"音轨发送分配的音轨名称处单击鼠标右键，在打开的如图 7-44 所示的快捷菜单中选择【前置衰减器】命令。

图7-42　设置"发送分配"

图7-43　设置音量旋钮

图7-44　选择【前置衰减器】命令

5. 此时在播放过程中把"音频 2"音轨的推子拖到最下面，可以发现"音频 2"音轨输出到主声道的信号被设为最低，但对"音频 2"音轨发送到"子混合 1"音轨的信号没有任何影响，因此仅能听到经过"子混合 1"音轨处理的声音。

在音轨应用的【效果名称】和【发送分配】上单击鼠标右键，都会打开图 7-44 所示的快捷菜单，下面对其中的部分命令做一下解释。

- 【前置衰减器】：是指在使用推子之前发送或应用效果，也就是推子对发送或效果没有任何影响。
- 【后置衰减器】：是指在使用推子之后发送或应用效果，也就是推子对发送或效果有影响。

使用子混合音轨涉及了输出与发送这两个概念。发送对输出没有影响，而输出则对发送有影响，这从上面的实例中可以看出，一条音轨输出到主声道同时发送到一条子混合音轨，最终都要在主声道中混合，因此经子混合音轨处理的声音要与原始声音混合，各自的推子就决定了混合比例。专业术语将这样的混合比例叫作干/湿比例，干对应原始声音，湿对应处理后的声音。

7.5 小结

本章讲述了音频素材的剪辑和组接处理、各种音频效果的具体调整和作用，以及【音频混合器】面板的使用。从技术上看，音频素材的处理与视频素材的处理基本一致。因为有了前面的学习基础，掌握本章的内容比较容易。通过本章的学习，读者应该掌握音量的常用调节和音频混合器的使用方法，对各种音频效果应该有基本的了解。

7.6　习题

一、简答题

1. 如何实现音频的淡入与淡出？请说出 3 种方法。
2. 应该如何选择音频混合器的自动模式选项？
3. 对音频素材应用效果和对音频轨道应用效果有什么区别？
4. 声像和平衡有什么区别？

二、操作题

1. 为一段视频素材添加背景音乐，实现背景音乐的淡入与淡出效果。
2. 选择两段音频素材，在两段音频素材之间添加恒定增益过渡效果。
3. 选择一段音频素材，制作延迟效果。

第8章 图形文本编辑

Premiere Pro 2020 的图形文本包括文本、图形两部分，其文本编辑功能强大，但图形制作功能较弱。图形文本的编辑操作在【基本图形】面板中进行，在【基本图形】面板中，不仅能够调整文本的各种基本参数，还能添加描边、阴影等外观样式。使用动态图形模板可方便、快捷地制作炫酷的动态图形效果。为字幕添加响应式设计，可以快捷地制作滚动字幕。说明性字幕可使对白字幕制作更高效。

与以前的版本相比，Premiere Pro 2020 的文本变化较大，旧版本都是以字幕的形式呈现，在 Premiere Pro 2020 中，编辑文本可通过图形文本进行操作。如何添加文本和编辑文本是本章的重点。

【教学目标】
- 掌握【基本图形】面板的相关功能和参数。
- 掌握对图形文本的编辑方法。
- 掌握应用并修改动态图形模板的方法。
- 掌握说明性字幕的制作方法。

8.1 【基本图形】面板

将工作区切换为图形工作区时，可以很方便地设计图形文本。图形文本编辑可以设计静态文本、游动文本、滚动文本、图文版面及动态图文等。图形文本编辑是 Premiere Pro 2020 对旧版标题功能的替换方案，相对于旧版标题界面更加简洁，同时可使用模板，大大提高了动态图文等效果的设计效率。

选择菜单命令【窗口】/【基本图形】，如图 8-1 所示，在 Premiere Pro 2020 的工作界面中打开【基本图形】面板。也可在【工作区】面板中直接选择【图形】工作界面，如图 8-2 所示。【基本图形】面板在工作界面右侧被打开，Premiere Pro 2020 的图形工作界面如图 8-3 所示。

【基本图形】面板包括【浏览】和【编辑】两个选项卡。

(1) 【浏览】选项卡。

使用【浏览】选项卡可浏览 Adobe Stock 中的动态图形模板和本地模板（.mogrt 文件），如图 8-4 所示。模板是已经做好的图文效果，可以直接拖入【时间轴】的视频轨中使用。

图8-1 选择【基本图形】命令

图8-2 选择【图形】工作界面

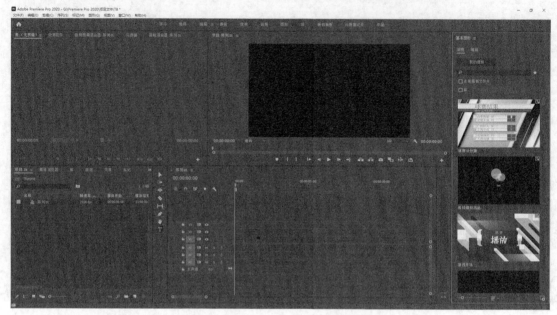

图8-3 Premiere Pro 2020 的图形工作界面

(2) 【编辑】选项卡。

利用【编辑】选项卡可对【时间轴】中选中的图形素材进行编辑操作，如图 8-5 所示，可进行以下操作。

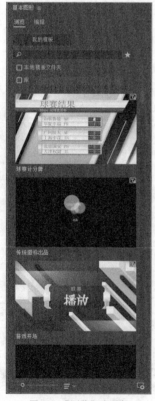

图8-4 【浏览】选项卡

图8-5 【编辑】选项卡

- 对齐和变换图层、更改外观属性、编辑文本属性等。
- 向 Premiere Pro 图形（prgraphics）添加关键帧。
- 修改 After Effects 图形（aegraphics）的公开属性。

下面就来详细了解一下图形文本编辑的强大功能。

8.1.1　创建文本图层

与 Photoshop 中的图层相似，Premiere Pro 的图形可以包含多个文本、形状和剪辑图层。序列中的单个图形轨道项内可以包含多个图层。当创建新图层时，时间轴中即会添加包含该图层的图形剪辑，且剪辑的开头位于时间指针所在的位置。如果已经选定了图形轨道项，则创建的下一个图层将添加到现有的图形剪辑。

一、新建文本图层

使用工具栏中的文字工具 **T**，在【基本图形】面板的【编辑】选项卡中单击 ▣ 按钮，选择【文本】命令，如图 8-6 所示，都可以创建文本图层。

在 Premiere Pro 2020 中创建文本图层，具体操作如下。

1. 在 Premiere Pro 2020 中新建序列"序列 01"，在【工具】面板中选择 **T** 工具或 **|T** 工具，如图 8-7 所示。

图8-6　在【基本图形】面板中新建文本

图8-7　文字工具

2. 单击需要放置文本的【节目】监视器并输入文字，如图 8-8 所示。单击一次可在单击位置处输入文本，按住鼠标左键并拖动鼠标可创建文本框用于输入文本，且文本框中的文本可在框边界内自动换行，如图 8-9 所示。

图8-8　在【节目】监视器放置文本

图8-9　创建文本框

3. 在【节目】监视器中使用 ▶ 工具，可直接对文本和形状图层进行操作，如调整图层的位置或旋转图层。还可以更改文本图层的锚点、文本图层比例和文本框中的文本尺寸。

要点提示 在 Premiere Pro 2020 中，即使序列不包含任何视频素材，也可以直接创建图形剪辑。

二、 编辑文本图层

新建文本图层后可对文本图层进行进一步的调整和编辑。使用【基本图形】面板中的【编辑】选项卡调整文本外观，主要属性参数介绍如下。

(1) 【对齐并变换】属性：可对文本进行"垂直居中对齐" 、"水平居中对齐" 、"顶对齐" 、"垂直对齐" 及"底对齐" 等设置，还可以修改文本图层的"位置" 、"锚点" 、"比例" 、"旋转" 及"不透明度" ，如图 8-10 所示。需要注意的是，当仅选择一个图层时，可使用对齐按钮将形状或文本图层对齐到视频帧。当选择两个或更多图层时，按钮会按照图层的相对关系进行对齐。只有在选择 3 个或更多图层时，"分布"命令才被启动，否则为禁用模式。

(2) 【文本】属性：可从下拉列表中选择字体，更改选定文本的字体，还可以更改文本的字体样式，如粗体或斜体。如果某一字体不包括所需的样式，则可以应用仿样式，即"仿粗体""仿斜体""全部大写字母""小型大写字母""上标""下标"及"下画线"，如图 8-11 所示。

(3) 【外观】属性：可通过更改"填充""描边""背景"及"阴影"等文本属性调整文本外观，如图 8-12 所示。

图8-10 【对齐并变换】属性

图8-11 【文本】属性

图8-12 【外观】属性

- 【填充】：更改文本的颜色。选择需要修改的文本，单击【填充】左边的色板，选择一种颜色，或者使用右边的 工具直接选取所需的颜色。
- 【描边】：更改文本的边框。选择需要修改的文本，勾选【描边】复选框并在色板中选择一种颜色，或者使用右边的 工具直接选取所需的颜色，还可以更改描边宽度、描边样式或向文本添加多种描边，从而生成炫酷的效果。
- 【背景】：更改文本的背景。选择需要修改的文本，勾选【背景】复选框，可以调整背景的不透明度和大小。如果不想要任何文本背景，就取消勾选【背景】复选框。
- 【阴影】：更改文本的阴影。选择需要修改的文本，勾选【阴影】复选框并在色板中选择一种颜色，或者使用右边的 工具直接选取所需的颜色。可以调整各种阴影属性，如"距离""角度""不透明度""大小"及"模糊"。

三、 替换项目中的字体

在制作相对大型的剪辑时，经常遇到需要全面修改项目中文本字体的情况，如果对每一个文本图层逐一修改，不仅工作量巨大且容易在重复的工作中出现错漏，大大降低工作效率。为了减少重复操作引起的失误并提高效率，可以通过同时更新所有字体来替换项目中的字体，而无须分别更新各个字体。

1. 接上例。选择菜单命令【图形】/【替换项目中的字体】，如图 8-13 所示。
2. 弹出【替换项目中的字体】对话框，该对话框包含了项目已使用的字体列表。选择要替换的字体，在【替换字体】下拉列表中选择替换后的字体，如图 8-14 所示。

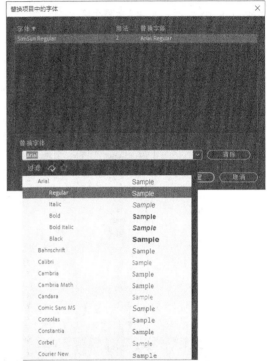

图8-13　选择【替换项目中的字体】　　　　　图8-14　【替换项目中的字体】对话框

3. 选择替换字体后单击 确定 按钮退出。

　　【替换字体】将取代所有序列和所有打开项目中选定字体的所有实例，并不是只替换一个图形中的所有图层字体。

8.1.2　创建形状图层

图8-15　创建形状图层工具

　　Premiere Pro 2020 的钢笔工具 、矩形工具 和椭圆工具 可用于创建自由形状和路径，如图 8-15 所示。

1. 单击并按住钢笔工具 以显示矩形工具 和椭圆工具 。然后选择所需的形状工具，在【节目】监视器中绘制形状。也可以在【基本图形】面板的【编辑】选项卡中单击 按钮，选择【矩形】（或【椭圆】）命令，创建形状图层。
2. 配合快捷键创建贝塞尔曲线，对形状进一步调整。具体操作与 Photoshop 中贝塞尔曲线调整相同，在此不再赘述。
3. 选择工具栏中的 工具，可直接在【节目】监视器对形状进行"位置""缩放""旋转"和"锚点"的调整。
4. 可在【基本图形】面板的【编辑】选项卡中调整形状的"对齐并变换"属性和"外观"属性。具体操作参数可参考"编辑文本图层"的相关介绍。

8.1.3　创建剪辑图层

在 Premiere Pro 2020 中，可以将静止图像和视频剪辑作为图层添加到图形中。用户可以使用以下方法之一创建剪辑图层。

- 在【基本图形】面板的【编辑】选项卡中单击 ■ 按钮，选择【来自文件】命令，在弹出的【导入】对话框中选择要添加的素材，如图 8-16 所示。
- 选择菜单命令【图形】/【新建图层】/【来自文件】，如图 8-17 所示，在弹出的【导入】对话框中选择要添加的素材。

图8-16　创建剪辑图层　　　　　　　　　　　　　　　　图8-17　创建剪辑图层

- 在【项目】面板中选择已导入的静止图像或视频素材，将其直接拖到【基本图形】面板的【图层列表】中，如图 8-18 所示。

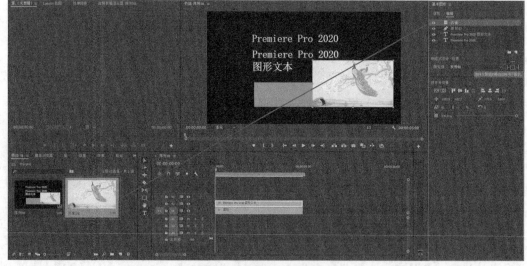

图8-18　将素材拖放到【图层列表】

8.1.4　将文本图层和形状图层分组

在进行相对大型的剪辑制作、使用复杂的文本和图形时，对文本图层和形状图层进行分组将非常有用。图层分组会使【基本图形】面板的【编辑】选项卡非常整齐，而且在创建炫酷的蒙版效果时非常有用，还能大大提高工作效率，具体操作步骤如下。

1. 在【基本图形】面板的【图层列表】中选择多个图层。

2. 单击【图层列表】下方的 ▣ 按钮，或者用鼠标右键单击选定的图层，在弹出的快捷菜单中选择【创建组】命令，如图 8-19 所示。

3. 若要将图层添加到已有的组中，可直接将图层拖入组文件夹中，或者将组文件夹拖到另一个组文件夹中，此时该组及其所有图层都将发生移动，如图 8-20 所示。

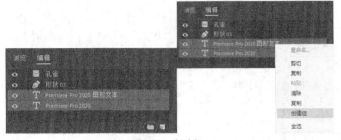

图8-19　创建组　　　　　　　　　　　　　　　图8-20　将图层添加到已有的组中

4. 若要取消图层分组，就选择要取消的图层，然后将它们从组中拖出即可。

8.2　使用动态图形模板

可以使用图形工作区和【基本图形】面板在 Premiere Pro 2020 中直接创建动态图形（如标题、下沿字幕、图形和动画）。

【基本图形】面板的【浏览】选项卡中存放了 Premiere Pro 2020 自带的多种动态图形模板，可以直接将其拖入序列【时间轴】面板的视频轨道中创建图形（如标题、下沿字幕、图形和动画等），也可以浏览 Adobe Stock 付费下载更多模板，或者安装第三方公司设计的模板文件，单击右下角的安装动态图形面板按钮 ▣，安装并导入 ".mogrt" 格式的模板，如图 8-21 所示。

图8-21　【浏览】选项卡

接下来，通过使用动态图形模板并在模板基础上对其参数进行修改，制作全新的图形效果，操作步骤如下。

1. 新建序列"序列 02"，打开【基本图形】面板的【浏览】选项卡，将【游戏开场】模板拖到【时间轴】面板的【V1】轨道上，如图 8-22 所示。

图8-22　将模板拖放到【时间轴】

2. 弹出【正在加载动态图形模板】对话框，待进度条完成后，【项目】面板自动生成"动态图形模板媒体"素材箱，如图 8-23 所示。

3. 在【节目】监视器中单击 ▶ 按钮，预览动态图形模板效果。将时间指针停留在"00:00:04:15"处，作为画面参考。

4. 在【时间轴】面板中选中"游戏开场"剪辑，打开【基本图形】面板中的【编辑】选项卡，如图 8-24 所示，对模板参数进行修改。

5. 在【标题】文本框中删除文本并重新输入文本"Premiere Pro 2020"，取消勾选【强制大写】复选框，如图 8-25 所示。

6. 在【字幕】文本框中删除文本并重新输入文本"coming soon"，勾选【强制大写】复选框，如图 8-26 所示。

7. 将画面整体色调调整为紫色系。在【Logo】属性下分别修改"主徽标颜色""高光徽标颜色""标题颜色""字幕颜色"，如图 8-27 所示。

8. 在【设置样式】属性下分别修改"主颜色""次颜色"，如图 8-28 所示。

9. 在【节目】监视器中单击 ▶ 按钮，预览修改后的动态图形模板效果。

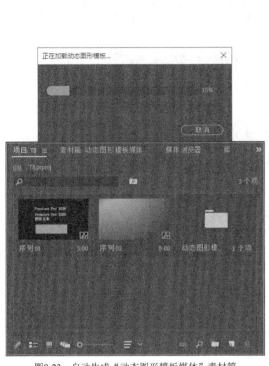

图8-23 自动生成"动态图形模板媒体"素材箱

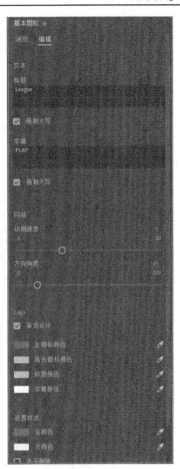

图8-24 【编辑】选项卡

图8-25 修改标题

图8-26 修改字幕

R:116,G:6,B:131 →
R:129,G:7,B:154 →
R:253,G:155,B:2 →
R:255,G:255,B:255 →

图8-27 修改 Logo 颜色

R:80,G:5,B:132 →
R:232,G:214,B:254 →

图8-28 修改设置样式颜色

 修改动态图形模板的相关参数，除了可以在【基本图形】面板的【编辑】选项卡中进行操作外，还可以在【效果控件】面板中进行设置。展开【效果控件】面板中的【图形参数】标签页，即可修改相关参数。

8.3 制作动态图形

动态图形在剪辑制作中十分常用，在 Premiere Pro 2020 中可以在动态图形模板的基础上进行修改和调整，也可以使用关键帧制作简单的动态图形。

8.3.1 制作图层动画

在图形中制作图层动画，可以使用关键帧制作文本图层、形状图层和路径动画。其操作可直接在【基本图形】面板中进行，也可以通过【效果控件】面板添加动画。

1. 新建序列"序列 03"。在【基本图形】面板的【编辑】选项卡中单击 按钮，选择【文本】命令，新建文本图层，将文本修改为"Premiere Pro 2020"，如图 8-29 所示。

2. 单击【对齐并变换】属性下的 和 按钮，使文本图层位于画面中心位置，如图 8-30 所示。

图8-29 新建文本图层

图8-30 使文本居中对齐

3. 打开【效果控件】面板，单击【矢量运动】效果前的 按钮，展开其属性参数，如图 8-31 所示。

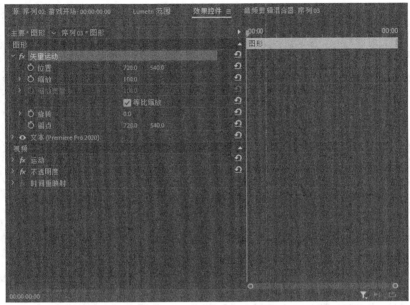

图8-31 【矢量运动】属性参数

4. 将时间指针移动到起始处，单击【位置】前的切换动画按钮，添加第 1 个关键帧。将时间指针移动到"00:00:01:15"处，单击添加/移除关键帧按钮，添加第 2 个关键帧。单击转到上一关键帧按钮，使时间指针移动到第 1 个关键帧处，将【位置】的参数值修改为"-720.0 540.0"，如图 8-32 所示。单击【节目】监视器面板下方的按钮，预览效果，可以看到已为图形添加了一个从画面左侧移入画面中心的运动效果。

图8-32 为图形添加矢量运动效果

 使用【矢量运动】效果控件制作动态效果是针对整个图形，而不是图形中的某一个图层项。应用【矢量运动】控件，无须将矢量图形栅格化即可对其进行编辑和变换，这样可避免像素化并消除因裁剪所造成的边界缺失。也可在【效果控件】面板中使用【运动】效果控件，但这将导致图形栅格化，从而造成放大到一定程度时图形显示为马赛克。

5. 单击【文本（Premiere Pro 2020）】效果前的按钮，在【文本（Premiere Pro 2020）】效果下单击【变换】效果前的按钮，展开其属性参数。将时间指针移动到起始处，单击【缩放】前的按钮，添加第 1 个关键帧，并将【缩放】值设置为"0"，如图 8-33 所示。

6. 将时间指针移动到"00:00:01:15"处，单击【缩放】效果的添加/移除关键帧按钮，添加第 2 个关键帧，并将【缩放】值设置为"100"，如图 8-34 所示。

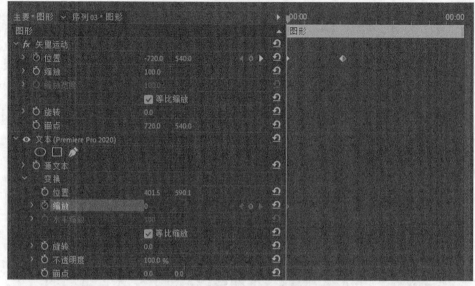

图8-33　设置第 1 个缩放关键帧

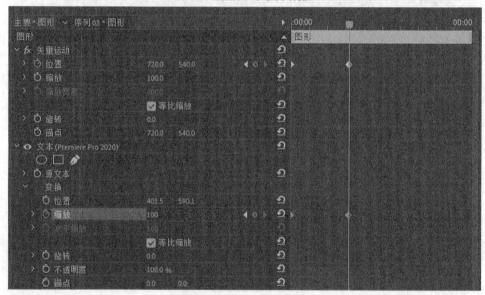

图8-34　设置第 2 个缩放关键帧

7. 单击【节目】监视器面板下方的 ▶ 按钮预览效果，可以看到已为文本图层添加了一个缩放的运动效果，并随图形运动效果从画面左侧移入画面中心。

8. 在【基本图形】面板的【编辑】选项卡中单击 🔲 按钮，选择【文本】命令，新建一个文本图层，并键入 "coming soon"。在【基本图形】面板的【文本】属性中单击 TT 按钮，使文本全部显示为大写，将字体大小设置为 "70"，字距设置为 "680"，并在【对齐并变换】属性中将位置设置为 "400.0　665.0"，如图 8-35 所示。

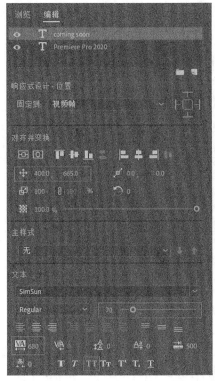

图8-35　新建文本图层并设置其参数

9. 打开【效果控件】面板，在该面板中出现【文本（coming soon）】效果。单击【文本（coming soon）】效果前的 按钮，在【文本（coming soon）】效果下单击【变换】效果前的 按钮，展开其属性参数。将时间指针移动到起始处，单击【不透明度】前的 按钮，添加第 1 个关键帧，并将【不透明度】值设置为 "0.0%"，如图 8-36 所示。

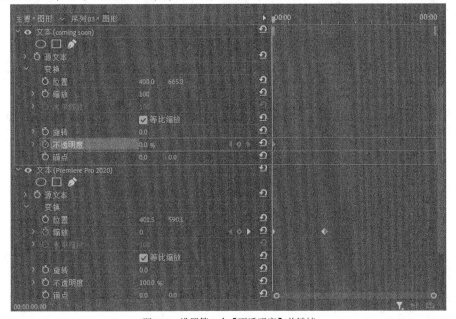

图8-36　设置第 1 个【不透明度】关键帧

10. 将时间指针移动到"00:00:02:05"处，单击【不透明度】效果的添加/移除关键帧按钮 ，添加第 2 个关键帧，并将【不透明度】值设置为"100.0%"，如图 8-37 所示。

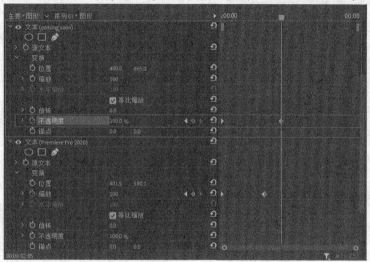

图8-37　设置第 2 个【不透明度】关键帧

11. 单击【节目】监视器面板下方的 按钮预览效果，可以看到为文本"coming soon"图层添加了一个不透明度的运动效果，文本"Premiere Pro 2020"图层的缩放效果不会对文本"coming soon"图层造成影响，而【矢量运动】的图形运动效果同时对文本"coming soon"图层和文本"Premiere Pro 2020"图层产生影响。

8.3.2　添加响应式设计

通过向动态图形添加响应式设计，可以制作滚动字幕。响应式设计的滚动字幕和图形能够以智能方式响应持续时间和图层放置的变化。

一、响应式设计——时间

在此功能下可以通过启用"滚动"模式创建在屏幕上垂直移动的字幕或滚动字幕。当启用"滚动"模式时，【节目】监视器中会出现一个透明的蓝色滚动条。利用此滚动条可以滚动显示滚动字幕中的文本和图形，以便进行编辑，无须将时间轴中的时间指针移动到特定位置。

1. 新建序列"序列 04"，选择工具栏中的 工具，在【节目】监视器中单击，将准备好的文本段落复制到文本框中，如图 8-38 所示。

图8-38　新建文本图层

2. 选择工具栏中的 工具，单击【节目】监视器的空白处，确保图形中没有图层被选择，如图 8-39 所示。

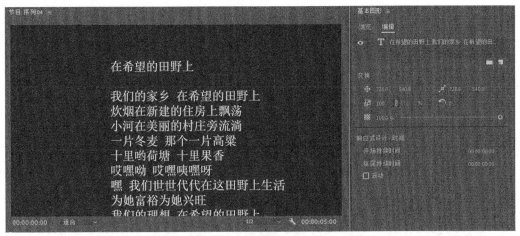

图8-39　取消图形中的图层选择

3. 在【基本图形】面板中勾选【滚动】复选框，启用滚动字幕，如图 8-40 所示。

4. 单击【节目】监视器面板下方的 按钮预览效果，可以看到滚动字幕的滚动持续时间与【时间轴】上素材的持续时间相同。使用工具栏中的波纹编辑工具 将【时间轴】上图形素材的持续时间拉伸到 "00:01:00:00"，此时滚动字幕的持续时间也随素材变长，滚动速度随之变慢。

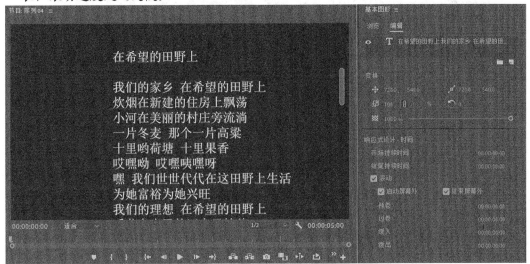

图8-40　启用滚动字幕

> **要点提示** 启用了【滚动】的图形的持续时间，决定了图形滚动的速度。

5. 设置【开场持续时间】和【结尾持续时间】参数可以定义保留开场和结尾动画的图形片段，即使图形的整体持续时间发生变化也不例外。覆盖这些时间范围的关键帧将被固定到剪辑的开始位置和结束位置。由于关键帧固定，就可以更改图形剪辑的整体持续时间，同时保持其进场和退场动画。在【效果控件】面板顶部，所选剪辑的开始和结束位置有一个蓝色的小手柄，拖动左侧手柄以定义开场/进场片段，灰色叠加部分覆盖指定时间范围内的关键帧；拖动右侧手柄以定义结束/退场片段，透明的白色叠加部

分，覆盖指定时间范围内的关键帧，如图 8-41 所示。为图形素材的进场和出场设置
【不透明度】效果，并将其【开场持续时间】和【结尾持续时间】参数设置为
"00:00:05:00"，此时使用波纹编辑工具 对图形素材的持续时间进行修改，则开场和
结尾的动画效果不受其影响，如图 8-42 所示。

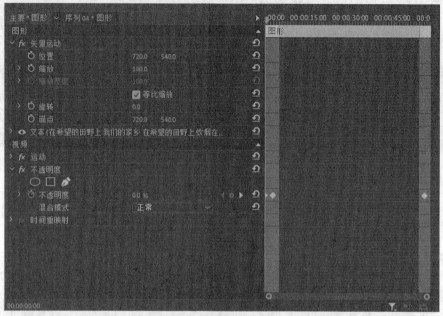

图8-41　设置【开场持续时间】和【结尾持续时间】参数

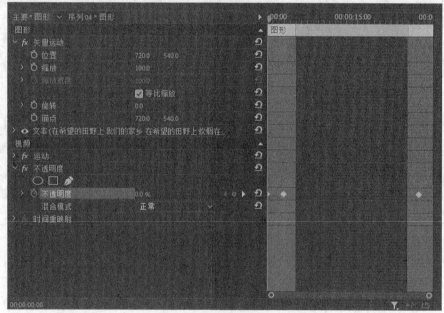

图8-42　调整素材持续时间

6. 在【节目】监视器面板中双击文本图层，在【基本图形】面板的【编辑】选项卡中对
文本进行文本样式和对齐方式调整，如图 8-43 所示。

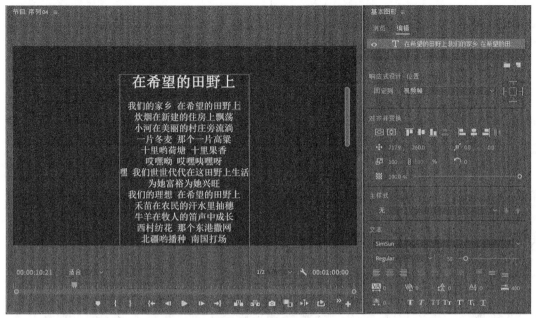

图8-43 调整文本样式和对齐方式

7. 单击【节目】监视器面板下方的 ▶ 按钮预览滚动字幕效果。

二、 响应式设计——位置

在此功能下可以设计图形，使其自动适应视频帧长宽比的变化，或者自动适应其他图形图层的位置或缩放属性。

1. 新建序列"序列 05"，选择工具栏中的矩形工具 ▦，在【节目】监视器中绘制矩形图形。打开【基本图形】面板，在【编辑】选项卡中单击 ▥ 按钮，使矩形图形居中并位于画面底部，如图 8-44 所示。

2. 在【基本图形】面板的【编辑】选项卡中单击 ▣ 按钮，选择【文本】命令，新建文本图层，将文本修改为"Premiere Pro 2020"。在【编辑】选项卡中单击 ▥ 按钮，使文本水平居中对齐，如图 8-45 所示。

图8-44 新建矩形图形

图8-45 新建文本图层并调整文本样式

3. 选中"Premiere Pro 2020"文本图层，在【基本图形】面板的【响应式设计 - 位置】属性下的【固定到】下拉列表中选择【形状 01】，如图 8-46 所示。

4. 单击【固定到】选项右侧的 ▦ 按钮，使"Premiere Pro 2020"文本图层固定到"形状 01"图层，如图 8-47 所示。

图8-46　选择【形状 01】

图8-47　将文本图层固定到"形状 01"图层

5. 选择工具栏中的 工具，在【节目】监视器中单击"形状 01"，打开【基本图形】面板，将图层不透明度设置为"0.0%"，如图 8-48 所示。

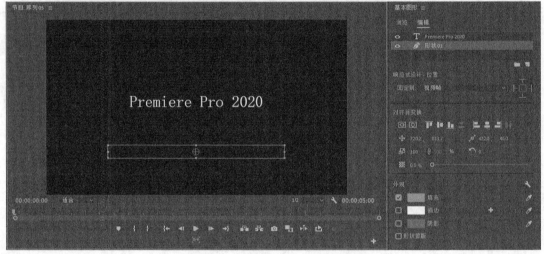

图8-48　调整"形状 01"的不透明度

6. 调整"形状 01"图层的"位置""缩放""旋转"等参数，"Premiere Pro 2020"文本图层随之发生改变，如图 8-49 所示。

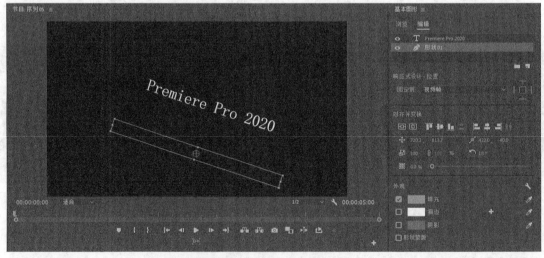

图8-49　调整"形状 01"的"旋转"等参数

7. 文本图层"Premiere Pro 2020"的位置、长度/宽度和缩放将根据其父图层中的更改进行响应。当在【节目】监视器中选择此图层时，其父图层"形状 01"会在所固定的边缘显示蓝色小图钉，如图 8-50 所示。

图8-50　父图层边缘显示蓝色小图钉

8.4　制作说明性字幕

说明性字幕的主要功能是做对白字幕，这种字幕功能制作对白字幕效率更高，同时说明性字幕可以导出".xml"".stl"".srt"格式的外挂字幕文件，实现视频文件与字幕文件分离。外挂字幕是独立的字幕文件，在播放时可通过播放器导入字幕文件，实现字幕自动加载。外挂字幕的优势是可以对字幕文件进行修改，同时保证了原视频文件的完好无损。

说明性字幕与旧版标题字幕的区别如下。

- 说明性字幕：可内嵌字幕（视频文件与字幕文件集成在一起，没有办法改变和去掉），可导出外挂字幕文件。
- 旧版标题字幕：只能是内嵌字幕，不能导出外挂字幕文件，但可绘制图形，设计图文版面。

一、创建说明性字幕

Premiere Pro 2020 提供了一系列说明性字幕功能，以便使用所有支持的格式创建、编辑和导出说明性字幕。在 Premiere Pro 2020 中，可创建说明性字幕，可添加文本、应用格式及指定位置和颜色，具体操作步骤如下。

1. 新建序列"序列 06"。选择菜单命令【文件】/【新建】/【字幕】，如图 8-51 所示，创建说明性字幕，或者在【项目】面板中单击 按钮，选择【字幕】命令，会自动打开【新建字幕】对话框，如图 8-52 所示。

图8-51　从菜单栏新建字幕

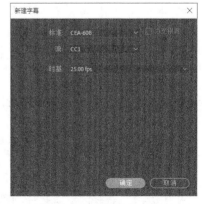

图8-52　【新建字幕】对话框

2. 在【标准】下拉列表中可以选择不同的字幕标准，如果制作中文字幕，推荐选择【开放式字幕】标准，这种标准对中文的兼容性较好，如图 8-53 所示。

3. 选择【开放式字幕】后对话框内自动出现【视频设置】, 如图 8-54 所示。Premiere Pro 2020 会将说明性字幕视频设置与打开的序列进行匹配。需要注意的是, 应确保正在创建的说明性字幕文件的【时基】(帧速率) 与序列 (要在其中使用该文件) 的帧速率相匹配。

图8-53 【标准】下拉列表

图8-54 【视频设置】中的相关参数设置

4. 单击 确定 按钮, 关闭【新建字幕】对话框, 此时在【项目】面板中显示此字幕素材, 如图 8-55 所示。

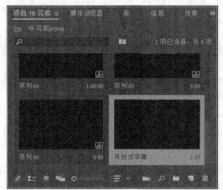

图8-55 【项目】面板中的字幕素材

> **要点提示** Premiere Pro 2020 允许编辑、创建开放说明性字幕 (也称对白字幕), 这些说明性字幕可以刻录到视频流中 (与隐藏说明性字幕相对而言, 后者可由观众切换为显示或不显示)。用户可以创建新的开放说明性字幕或导入 XML 和 SRT 文件格式的说明性字幕。

二、 编辑说明性字幕

Premiere Pro 2020 可对创建的说明性字幕进行文本、颜色、背景和时间的相关编辑, 具体操作如下。

1. 在【项目】面板中双击创建好的字幕素材文件, 可打开【字幕】面板, 在此面板中可以对字幕进行编辑, 如图 8-56 所示。

- 文本编辑: 在此区域可更改字体, 设置文字大小、文字颜色、背景颜色等。
- 位置显示: 单击矩形网格按钮 ▦, 设置字幕相对于画布的显示位置, 也可通过调整右侧的参数进行设置。
- 文本输入: 输入字幕显示的内容。

- 入点/出点：通过入点和出点的设置，控制当前字幕内容出现和结束之间的持续时间。
- 添加字幕：添加一行字幕，通过添加可以加入多行字幕。每一行字幕可输入不同的文本内容。
- 删除字幕：可选择其中的一行字幕或多行字幕（多选使用 $\boxed{\text{Shift}}$ 或 $\boxed{\text{Ctrl}}$ 键），用此按钮进行字幕删除。

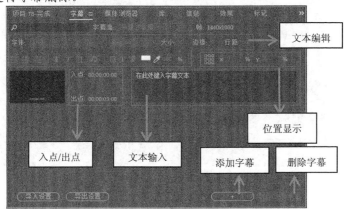

图8-56　【字幕】面板

2. 打开"素材\在希望的田野上 歌词.txt"文件，将第一句歌词复制到文本编辑框中，如图 8-57 所示，字幕预览同时显示在【源】监视器面板中。

3. 将字幕【字体】设置为【微软雅黑】，【字体大小】设置为"45"，字幕【位置】设置到画面"底部居中"，如图 8-58 所示。

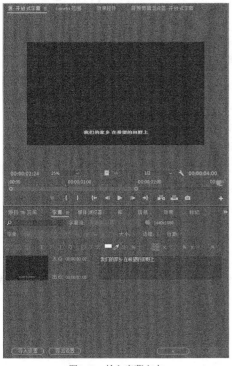

图8-57　输入字幕文本

图8-58　编辑字幕文本

4. 单击【字幕】面板下方的添加字幕按钮，并将"在希望的田野上 歌词.txt"文件中的第 2 句歌词复制到第 2 个字幕的文本输入框中。以此类推，将剩余歌词逐一复制，如图 8-59 所示。

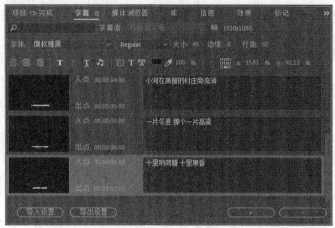

图8-59　将剩余歌词添加到字幕

5. 打开【项目】面板，将字幕拖入【时间轴】面板中的【V1】视频轨，可直观地对每行字幕进行精准对齐，如图 8-60 所示。

6. 通过滑竿▯可以直观地控制每行字幕出现的入点与出点的时间，也可以配合【字幕】面板的"入点/出点"精准输入时间码。在【时间轴】面板中也可以拖动黑色区域平移字幕的位置，对字幕进行调整。

图8-60　将字幕拖放到【时间轴】中

 说明性字幕导入时间轴后有可能会出现不显示的情况，这时需要在【节目】监视器面板中进行设置。首先需要启动字幕显示，单击【节目】监视器面板中的设置按钮▨，在弹出的菜单中选择【隐藏字幕显示】/【启用】命令，如图 8-61 所示；再次单击【节目】监视器面板中的设置按钮▨，在弹出的菜单中选择【隐藏字幕显示】/【设置】命令，打开【隐藏字幕显示设置】对话框，选择对应的字幕标准即可，如图 8-62 所示。

图8-61　显示隐藏字幕

图8-62　设置隐藏字幕显示

三、 导出说明性字幕

完成创建或编辑说明性字幕文件之后，可通过 Premiere Pro 2020 或 Adobe Media Encoder 的【导出设置】面板导出包含说明性字幕的序列，还可使用支持隐藏字幕编码的第三方硬件将包含说明性字幕的序列导出到磁带。

说明性字幕可以导出内嵌字幕和外挂字幕。

- 导出内嵌字幕：选择菜单命令【文件】/【导出】/【媒体】，在【导出设置】面板的【字幕】选项卡中将【导出选项】设置为【将字幕录制到视频】，单击 导出 按钮即可，如图8-63所示。

图8-63　导出内嵌字幕

- 导出外挂字幕：在【项目】面板中选择要导出的字幕文件，选择菜单命令【文件】/【导出】/【字幕】，在打开的【"开放式字幕"的 Sidecar 字幕设置】对话框中选择要导出的文件格式后单击 确定 按钮，在弹出的【另存为】对话框中选择字幕的保存路径，最后单击 保存(S) 按钮，如图8-64所示。

图8-64　导出外挂字幕

8.5　小结

Premiere Pro 2020 中的图形文本编辑有许多参数、选项需要设置调整，虽然比较复杂，但基本的或常用的参数、选项并不多，读者不必在一些细枝末节上花费过多精力。只要掌握本章所讲实例，在以后的实践中注意积累，就一定会全面掌握图形文本编辑的相关参数功能。另外，对于动态图形模板，读者不仅可以调用，而且应该多加分析、修改，看看模板中都使用了什么方法、技巧，这将有助于提高自己的图形文本制作水平。

8.6　习题

一、　简答题

1. Premiere Pro 2020 中的【基本图形】面板由哪几部分组成？
2. 图形文本可编辑修改的属性类型有哪些？
3. 动态图形模板可以在哪里浏览？

二、　操作题

1. 创建一个文本图层，为其设置填充、描边、背景及阴影等外观样式。
2. 创建一个滚动字幕，让其在屏幕上先静止一秒，然后向上滚动出画面。
3. 添加一段歌曲音频，为其创建一个说明性字幕，并制作歌词显示。

第9章 运动效果

"运动"作为一种固定效果放置在【效果控件】面板中。固定效果，就是素材只要放到【时间轴】面板后就自动带有的效果。"运动"是影视节目作品常见的效果表现技巧，使用运动效果可以实现视频或静止的图像素材产生位置变化、旋转变化和缩放变化的运动效果。在 Premiere Pro 2020 视频轨道上的对象都具有运动属性，可以对其进行移动、改变大小、旋转等操作。如果添加关键帧并调整参数，还能生成动画。利用新增加的"时间重映射"效果，可以在同一段素材中创建不同的速度变化效果。

【教学目标】
- 了解视频运动效果的设置方法。
- 掌握改变素材位置的方法。
- 掌握修改素材尺寸、添加旋转效果的方法。
- 掌握改变素材不透明度的方法。
- 掌握改变关键帧插值的方法。
- 熟悉使用时间重映射效果的方法。

9.1 运动效果的参数设置

"运动""不透明度"和"时间重映射"是任何视频素材共有的固定效果，位于 Premiere Pro 2020 的【效果控件】面板中。如果素材带有音频，那么还会有一个"音量"固定效果。选中【时间轴】面板中的素材，打开【效果控件】面板，可以对【运动】【不透明度】和【时间重映射】等属性进行设置，如图 9-1 所示。

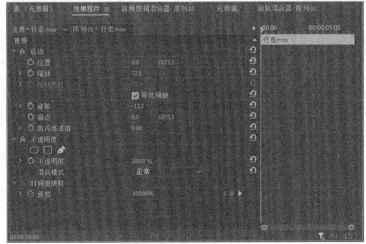

图9-1 【效果控件】面板

(1)　【运动】效果相关设置参数如下。

- 【位置】：设置素材位置坐标。在【节目】面板中按住鼠标左键并拖动鼠标，素材跟随鼠标指针移动，因此可有效调整素材的位置。
- 【缩放】：以轴心点为基准，对素材进行缩放控制，改变素材的大小。
- 【缩放宽度】：如果取消勾选【等比缩放】复选框，可以分别改变素材的高度、宽度，设置素材在纵向上、横向上的比例变化。
- 【旋转】：第 1 个数值代表几个周期，表示从一个关键帧变化到另一个关键帧要经过几个 360° 的周期变化，如果没有关键帧，设置此数值没有意义；第 2 个数值是素材的旋转角度，正值表示顺时针方向，负值表示逆时针方向。
- 【锚点】：设置位置中心坐标。调整它的位置可以使素材产生相反的移动，从而使素材的几何中心与位置中心分离。素材的旋转变化，将以此为中心进行。轴心点的坐标与素材比例参数无关。
- 【抗闪烁滤镜】：对处理的素材进行颜色提取，以减少或避免视频显示中图片的闪烁现象。

单击【运动】效果的名称，当定位点位于素材中心（即轴心点位于中心）时，可以在【效果控件】面板中调节素材，也可以在【节目】监视器面板中用鼠标调整素材。素材将沿自身中心进行旋转或缩放，如图 9-2 所示。

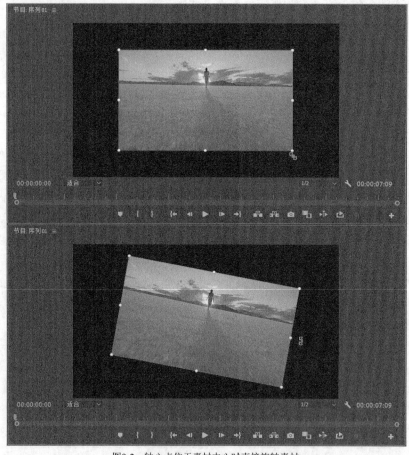

图9-2　轴心点位于素材中心时直接旋转素材

当定位点位于素材外部（即轴心点位于外部）时，素材将沿轴心点进行旋转或缩放，如图 9-3 所示。

图9-3　轴心点位于素材左下角时旋转素材

(2)　【不透明度】效果相关设置参数如下。

- 【不透明度】：改变素材的不透明程度。
- 【混合模式】：单击右边的 正常 按钮，混合模式的各种选项都出现在打开的下拉列表中，如图 9-4 所示。

(3)　【时间重映射】效果相关的【速度】参数是通过设置关键帧，实现素材快动作、慢动作、倒放及静帧等效果。

9.2　使用运动效果

运动效果的使用方法很简单，就是通过设置关键帧确定运动路径、运动速度及运动状况等，使素材按照关键帧产生位置变化和形状变化。在 Premiere Pro 2020 中，所有关键帧间的插值方法都可以选择设置。

9.2.1　移动素材的位置

图9-4　【混合模式】选项

移动素材的位置，是运动效果最基本的应用，操作步骤如下。

1.　启动 Premiere Pro 2020，新建一个项目 "T9"。在【项目】面板中新建 "序列 01"，双击【项目】面板空白处，弹出【导入】对话框。定位到本地硬盘，选择"素材\荷花.png"文件，单击 打开(O) 按钮，导入素材。

2. 将"荷花.png"拖曳到【V1】轨道上，按 Ctrl ┼┼ 组合键扩展视图，如图9-5所示。

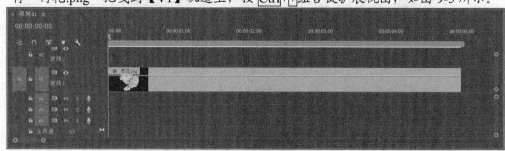

图9-5 将素材放到视频轨道上

3. 在【时间轴】面板中选中"荷花.png"，打开【效果控件】面板。单击【运动】效果左侧的 ▶ 图标，展开参数面板。设置【位置】值为"0,0"，使素材的轴心点位于屏幕的左上角。单击【位置】左侧的切换动画按钮 ⏱️，记录关键帧，如图9-6所示。

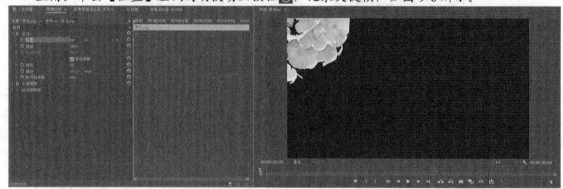

图9-6 移动素材到屏幕的左上角

4. 移动时间指针到"00:00:01:20"处，将【位置】的值设置为"960,540"，使素材的轴心点位于屏幕的中心，系统自动记录关键帧，如图 9-7 所示。切换动画按钮呈打开状态 ⏱️，表明动画记录器处于工作状态，此时对该参数的一切调整将自动记录为关键帧。如果单击关闭该按钮 ⏱️，将删除该参数的所有关键帧。

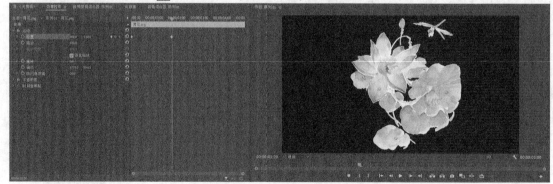

图9-7 移动素材到屏幕的中心

5. 将时间指针移动到素材的起始位置，按空格键开始播放，观看素材由屏幕左上角到中心运动的效果。

6. 单击【效果控件】面板中的【运动】效果，或者直接在【节目】监视器面板中单击素材，可以将素材的边框激活，素材周围将出现一个带十字准线和手柄的边框，如图 9-8 所示。四处拖曳素材，也可以改变素材的位置。

图9-8　素材周围出现边框

7. 添加关键帧后，可见【效果控件】面板右侧的【时间轴】面板上已经出现了关键帧。在【效果控件】面板中可以继续对关键帧进行操作，可以添加、删除关键帧，也可以对关键帧进行移动等。

8. 移动时间指针到"00:00:03:20"处，单击添加/移除关键帧按钮，可以在当前位置记录一个关键帧，参数仍然使用上一个关键帧的数值，如图 9-9 所示。

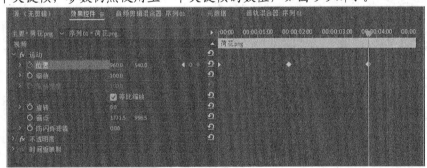

图9-9　添加关键帧（1）

要点提示：如果需要移动关键帧的位置，可以选择关键帧，按住鼠标左键直接拖曳。

9. 移动时间指针到"00:00:05:00"处，改变【位置】的值为"1920, 0"，使素材移动到屏幕的右上角，系统将自动设置关键帧，如图 9-10 所示。

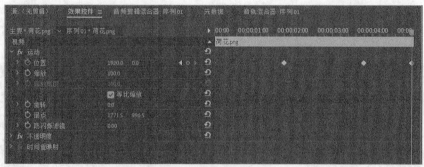

图9-10　添加关键帧（2）

10. 为参数设置关键帧后，在【效果控件】面板中会出现【关键帧】导航器，如图 9-11 所示，利用它可以为关键帧导航。单击跳转到前一关键帧按钮◀、跳转到下一关键帧按钮▶，可以快速准确地将时间指针向前、向后移动一个关键帧。某一方向箭头变成灰色，表示该方向上已经没有关键帧。当时间指针处于参数没有关键帧的位置时，单击导航器中间的添加/移除关键帧按钮◉，可以在当前位置创建一个关键帧。当时间指针处于参数有关键帧的位置时，单击添加/移除关键帧按钮◉，可以将当前位置处的关键帧删除。

图9-11　【关键帧】导航器

11. 单击【效果控件】面板中的【运动】效果，或者直接在【节目】监视器中单击素材，可以看到已经创建了一条路径，如图 9-12 所示。路径上点的稀疏程度代表素材运动速度的快慢，密集的点表示运动速率较慢，稀疏的点表示运动速率较快。

图9-12　点分布的疏密代表运动速度

9.2.2　改变素材的尺寸

移动素材仅仅使用了运动效果的小部分功能，其最常用的功能是对素材进行缩放和旋转。

1. 接上例。单击【位置】参数的【关键帧】导航器按钮◀，移动时间指针到【位置】参数的第 2 个关键帧处，单击【缩放】左侧的切换动画按钮，记录新的关键帧，其缩放比例参数不变。

2. 单击【位置】参数的【关键帧】导航器按钮，将时间指针移动到【位置】参数的第 3 个关键帧处，设置【缩放】值为"50"，自动记录新的关键帧，如图 9-13 所示。

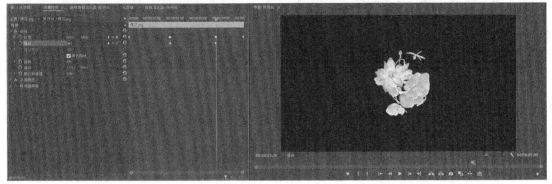

图9-13　增加新的关键帧

3. 单击【位置】参数的【关键帧】导航器按钮，移动时间指针到【位置】参数的第 4 个关键帧处。单击【缩放】参数的添加/移除关键帧按钮，增加新的关键帧，设置【缩放】值为"0"，如图 9-14 所示。

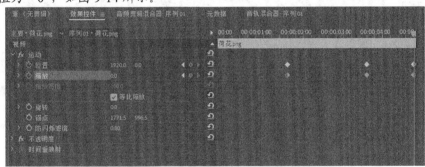

图9-14　设置【缩放】参数的第 4 个关键帧

4. 按空格键播放，观看素材由屏幕中心向右上角运动，同时尺寸缩小的效果。

9.2.3　设置运动路径

如果读者熟悉 Flash 和 3ds Max 软件，就一定会对运动路径有深刻的印象，因为那是实现动画的重要方法。在许多动画软件中，都有运动路径的概念，含义也基本相同。在 Premiere Pro 中，同样也可以为一个素材设置一个路径并使该素材沿此路径进行运动。

1. 接上例。清空【时间轴】面板上的素材片段，选择菜单命令【文件】/【导入】，在打开的【导入】对话框中分别选择本地硬盘"素材\仙鹤"文件夹中的"仙鹤 01.jpg""仙鹤 02.jpg""仙鹤 03.jpg" 3 个素材文件，单击 打开(O) 按钮，导入素材。

2. 在【时间轴】面板中放置上述 3 个素材的视频部分，分别设置素材出点，使"仙鹤 01.jpg""仙鹤 02.jpg""仙鹤 03.jpg" 3 个素材文件的持续时间都变成 6 秒，如图 9-15 所示。其中"仙鹤 02.jpg"和"仙鹤 03.jpg"的入点对应位置依次为时间轴的 "00:00:01:09""00:00:02:18"位置处。

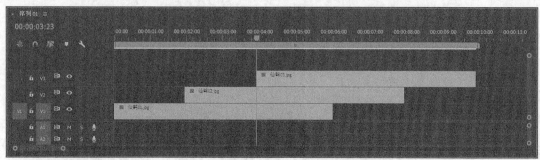

图9-15　放置 3 个素材

3. 在【时间轴】面板中单击【V2】和【V3】轨前方的切换轨道输出按钮，暂时关闭【V2】【V3】轨的轨道输出。在【V1】轨上单击"仙鹤01.jpg"素材片段，打开【效果控件】面板，展开【运动】效果并单击选中素材，将【缩放】设为"50"，再将【位置】的 x 坐标值设为"-288.0"，如图 9-16 所示。素材移出显示区域后，仅保留调整控制点而不再显示。

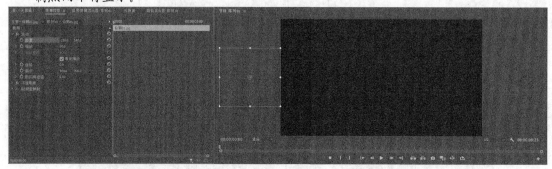

图9-16　设置开始帧

4. 确定时间指针在节目开始处，单击【位置】左侧的按钮使其呈显示，在时间指针处增加一个关键帧。将时间指针调整到素材结束处，将【位置】的 x 坐标值设为"2210.0"。拖动时间指针就可以看到素材从另一侧移出显示区域，如图 9-17 所示。

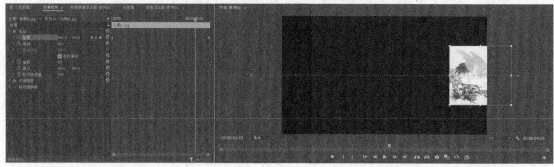

图9-17　显示运动路径

5. 在【运动】效果名称处单击鼠标右键，在弹出的快捷菜单中选择【复制】命令，将【运动】效果的参数设置复制。

6. 在【时间轴】面板中打开【V2】轨的轨道输出，单击"仙鹤 02.jpg"素材片段，【效果控件】面板显示为对"仙鹤 02.jpg"的相关参数设置。在【运动】效果名称处单击鼠标右键，在弹出的快捷菜单中选择【粘贴】命令，将【运动】效果的参数设置粘贴，如

图 9-18 所示。

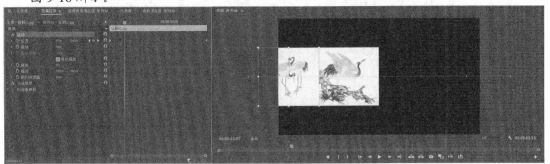

图9-18　粘贴运动效果的参数设置

7. 在【时间轴】面板中打开【V3】轨的轨道输出，单击"仙鹤 03.jpg"素材片段，【效果
   控件】面板显示为对"仙鹤 03.jpg"的相关参数设置。在【运动】效果名称处单击鼠标
   右键，在弹出的快捷菜单中选择【粘贴】命令，再次将【运动】效果的参数设置粘贴。

8. 在节目视窗中预演，就会看到类似拉动电影胶片的效果，图像从左到右划过屏幕，效
   果如图 9-19 所示。

图9-19　视频运动效果

制作这一效果，主要需要调整素材的持续时间和相对位置，以便各个素材之间实现无缝
连接。可先复制素材的运动效果，再对素材的入点位置进行调整，直至各个素材之间无缝连
接。要改变运动速度，还可以增加关键帧，要想速度快就缩短两个键的时间间隔，加大两个
键的坐标距离，反之亦然。

9.2.4　设置运动状态

运动状态主要是指素材旋转的角度，要想制作出完美的运动效果，相关运动设置是必需的。

1. 接上例。在【时间轴】面板中选择"仙鹤 01.jpg"素材片段，在【效果控件】面板中单
   击【位置】右侧的◀按钮，使时间指针移动到素材开始处。

2. 单击【旋转】左侧的◎按钮，使其呈◎显示，在时间指针处增加一个关键帧。

3. 单击【位置】右侧的▶按钮，使时间指针移动到素材结尾处。单击【旋转】参数的添
   加/移除关键帧按钮◎，在结尾处增加新的关键帧，如图 9-20 所示。

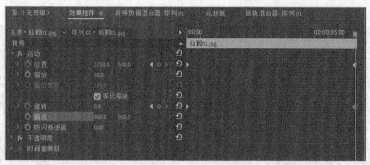

图9-20　增加关键帧

4. 在【效果控件】面板中将【锚点】位置坐标设置为 "0" 和 "0"，以使素材绕左上角旋转，如图 9-21 所示。调整【锚点】位置坐标，素材位置也随之产生变化。

图9-21　调整【锚点】坐标

5. 在【效果控件】面板中将【位置】第 1 个关键帧的位置坐标设置为 "-580" 和 "270"，第 2 个关键帧的位置坐标设置为 "1920" 和 "270"，以使素材恢复到之前的运动位置。

6. 在【效果控件】面板中单击【旋转】右侧的 ▶ 按钮，使时间指针跳到素材结束处，将这个关键帧处的【旋转】数值设为 "-90"，如图 9-22 所示。

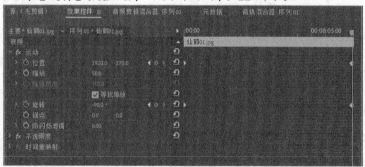

图9-22　设置【旋转】数值

7. 在【运动】效果名称处单击鼠标右键，从弹出的快捷菜单中选择【复制】命令，将运动效果的参数进行复制。

8. 在【时间轴】面板中分别单击 "仙鹤 02.jpg" 和 "仙鹤 03.jpg"，在【效果控件】面板中将所复制的运动效果参数进行粘贴。

9. 在【节目】监视器中从开始处进行播放，就可以看到在图像从左到右划过屏幕的同时又有了旋转变化，如图 9-23 所示。

图9-23　平移并旋转的运动效果

通过这个实例可以看出调整锚点位置坐标对素材位置和旋转方式的影响。

9.3　改变不透明度

不透明度的改变能使素材出现渐隐渐现的效果，使画面的变化更为柔和、自然。

1.　接上例。在【时间轴】面板中选择"仙鹤01.jpg"。

2.　移动时间指针到素材的起始位置，单击【不透明度】参数的切换动画按钮，设置关键帧，设置【不透明度】参数值为"0"，如图9-24所示。

图9-24　设置【不透明度】参数值（1）

3.　在【时间轴】面板中将时间指针移动到"00:00:01:09"处，设置【不透明度】参数值为"100"，如图9-25所示。

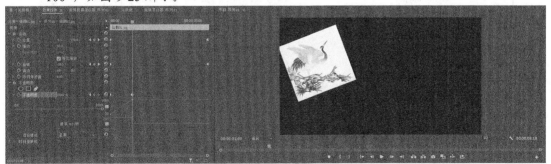

图9-25　设置【不透明度】参数值（2）

4.　在【效果控件】面板中的【不透明度】效果名称处单击鼠标右键，从弹出的快捷菜单中选择【复制】命令。

5.　在【时间轴】面板中分别单击"仙鹤 02.jpg"和"仙鹤 03.jpg"，在【效果控件】面板中将所复制的不透明度效果的参数进行粘贴。

6.　按空格键播放，预览整个动画效果，就可以看到在图像从左到右划过屏幕旋转的同时又有了淡出变化，如图 9-26 所示。

图9-26　为运动效果添加淡出变化

也可以在【时间轴】面板中对效果参数进行编辑修改。在【时间轴】面板中双击轨道名称旁的空白处，将轨道切换到关键帧显示模式，如图 9-27 所示。

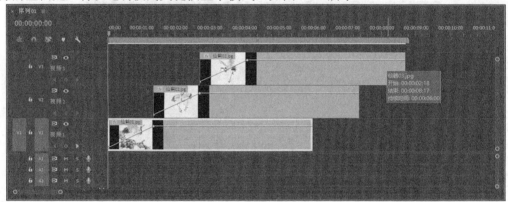

图9-27　展开轨道关键帧

选中素材，单击鼠标右键，在弹出的快捷菜单中选择【显示剪辑关键帧】命令，其列表中的效果排序与【效果控件】面板中的相同，也可以选择效果参数进行编辑、记录关键帧，如图 9-28 所示。

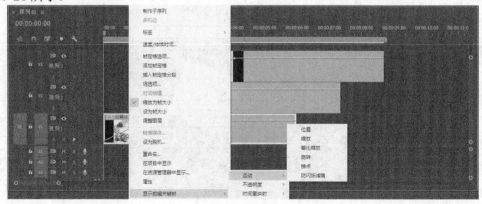

图9-28　在【时间轴】面板中选择效果

9.4 创建效果预设

如果希望重复使用创建好的关键帧效果，可以将其保存为效果预设，操作步骤如下。

1. 接上例。选择【效果控件】面板中的【运动】效果，单击鼠标右键，在弹出的快捷菜单中选择【保存预设】命令，如图 9-29 所示，或者单击【效果控件】面板右上角的 ![icon] 按钮，选择【存储预设】命令，如图 9-30 所示。

图9-29　选择【保存预设】命令　　　　　　　　　　图9-30　选择【存储预设】命令

2. 在弹出的【保存预设】对话框中输入名称并选择类型。如果预设效果来源的素材长度和将应用预设效果的素材长度不一致，若选择【缩放】选项，则预设效果的关键帧按照长度比例应用到新的素材上；若选择【定位到入点】选项，则预设效果的关键帧以新素材的起始点为基准应用到新的素材上；若选择【定位到出点】选项，则预设效果的关键帧以新素材的结束点为基准应用到新的素材上，如图 9-31 所示。

3. 设置类型后单击 确定 按钮，效果即出现在【效果】面板的【预设】分类夹中，如图 9-32 所示。使用时将该效果拖曳到相应的素材中即可。

图9-31　【保存预设】对话框　　　　　　　　　　图9-32　【预设】分类夹

4. 如果希望在其他项目中使用该预设，可以将其导出。在【效果】面板中选中该效果，单击鼠标右键，在弹出的快捷菜单中选择【导出预设】命令，如图 9-33 所示。在弹出的【导出预设】对话框中选择保存的路径，输入名称，单击 保存(S) 按钮，如图 9-34 所示。使用时在新项目的【效果】面板中将其导入即可。

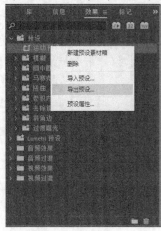

图9-33　选择【导出预设】命令

图9-34　选择保存的路径和输入预设名称

9.5　添加关键帧插值控制

在动画发展的早期阶段，熟练的动画师先设计卡通片中的关键画面，即关键帧，然后由一般的动画师设计中间帧。在 CG 时代，中间帧的生成由计算机来完成，插值代替了设计中间帧的动画师，插值技术在关键帧动画中得到广泛的应用。

通过插值技术，Premiere Pro 在关键帧之间自动插入线性的、连续变化的进程控制值。在 Premiere Pro 2020 中，用鼠标右键单击关键帧，在打开的快捷菜单中选择相应的命令就可以决定并调整曲线形状。插值方法主要有以下几种，如图 9-35 所示。

图9-35　插值方法

- 【线性】：默认插值方法，关键帧之间变化的速率恒定。以线性方式插值，平均计算关键帧之间的数值变化，这是默认设置，其曲线形状是直线。
- 【贝塞尔曲线】：可以拖曳手柄调整关键帧任意一侧曲线的形状，在进出关键帧时产生速率的变化。通过调整单个方向点分别控制当前关键帧两侧的曲线形状，使数值减速变化接近关键帧，然后加速变化离开关键帧。
- 【自动贝塞尔曲线】：自动创建平滑的过渡效果，总保持两条方向线的长度相等、方向相反，使得数值变化均匀过渡。如果调整手柄，将变为连续曲线。
- 【连续贝塞尔曲线】：根据所创建的关键帧，自动创建平滑速率变化的过渡效果。与曲线不同，关键点两侧的手柄总是同时变化的。两条方向线总是保持反向的，也就是成 180°，因此只有减速进入、加速离开和加速进入、减速离开这两种均匀过渡的情况。
- 【定格】：改变属性值，没有渐变过渡。关键帧插值后的曲线保持显示为水平直线。保持当前关键帧的数值不变，直到下一个关键帧，产生数值的突变。
- 【缓入】：进入关键帧时减缓数值变化。仅出现左侧的方向线，因此接近当前关键帧时数值减速变化。

- 【缓出】：离开关键帧时逐渐增加数值变化。仅出现右侧的方向线，因此离开当前关键帧时数值加速变化。
- 【删除】：删除当前关键帧。

使用关键帧插值的方法如下。

1. 新建"序列 02"，在【项目】面板的空白处双击鼠标左键，导入"素材\图形 01.png"文件，并将其拖曳到【时间轴】面板的【V1】轨道上。

2. 选中素材，在打开的【效果控件】面板中单击【运动】效果左侧的 ▶ 图标，展开参数面板。

3. 将时间指针移动到素材的起始处，单击【旋转】参数左侧的切换动画按钮 ⑤，记录一个关键帧，数值使用默认值"0"。

4. 将时间指针移动到素材的中间部分，设置【旋转】参数值为"720"，旋转参数将呈 2x0.0 显示，系统自动记录新的关键帧，如图9-36所示。

图9-36 设置【旋转】参数值

5. 将时间指针移动到素材的结束处，设置【旋转】参数值为"0"，系统同样自动记录新的关键帧。

6. 单击【节目】监视器中的播放按钮 ▶，可以看到风车先沿顺时针方向匀速旋转 2 周，通过第 2 个关键帧后又沿逆时针方向匀速旋转2周。

7. 单击【旋转】参数左侧的 ▶ 图标，展开数值图与速率图，默认的插值方式为线性方式，如图 9-37 所示。

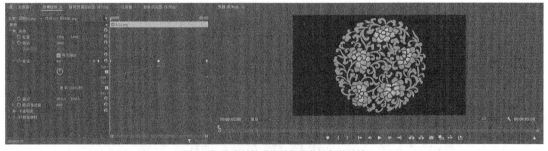

图9-37 为素材的【旋转】参数添加关键帧

8. 选择第 2 个关键帧，单击鼠标右键，在弹出的快捷菜单中选择【贝塞尔曲线】命令，如图 9-38 所示。

9. 再次进行播放，可以看到风车在接近第 2 个关键帧时旋转速率减慢，离开第 2 个关键帧时旋转速率逐渐加快，如图 9-39 所示。

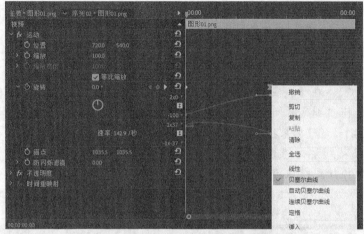

图9-38　选择关键帧插值方式为【贝塞尔曲线】

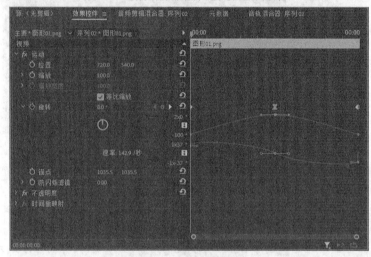

图9-39　贝塞尔曲线效果

10. 拖曳关键帧处任意一侧的手柄，手动调整旋转的速度，效果如图 9-40 所示。

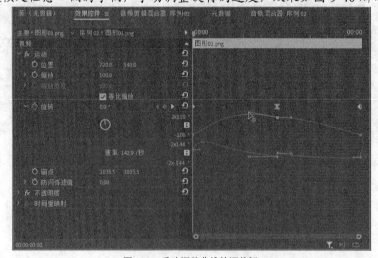

图9-40　手动调整曲线的调整柄

通过这个实例可以看出，使用线性控制素材的旋转，主要通过设置关键帧并使关键帧的数值产生变化，形成一个变化过程。这个变化过程可用一条曲线表示，如果关键帧之间的数值通过贝塞尔线性插值计算得到，则曲线就是直线，采用其他插值方法就对应了不同的曲线形状。其余几种关键帧插值方式，读者可以自己练习。

9.6　使用时间重映射效果

Premiere Pro 的时间重映射效果可以通过关键帧的设定实现一段素材中不同速度的变化，如一段航拍的视频，可以先加快航拍运动的速度，再减缓航拍的速度，还可以在运动过程中创建倒放、静帧的效果。使用时间重映射效果，不需要像使用速度/持续时间效果那样，同时改变整个素材的运动状态。

使用关键帧，可以在【时间轴】面板或【效果控件】面板中直观地改变素材的速度。时间重映射的关键帧和运动效果关键帧类似，不同的是一个时间重映射的关键帧可以被分开，以在两个不同的播放速度之间创建平滑过渡。当第一次为素材添加关键帧并调整运动速度时，创建的是突变的速度变化。当关键帧被拖曳分开，并且经过一段时间，这两个分开的关键帧之间会生成一个平滑的速度过渡。

9.6.1　改变素材速度

改变素材速度是后期编辑工作中经常遇到的。通过 Premiere Pro 2020 的时间重映射效果可以方便地改变素材的速度，操作步骤如下。

1. 新建一个"序列 03"，导入本地硬盘中的"素材\雨滴.mp4"文件，并将其拖曳到【时间轴】面板的【V1】轨道，将视图调整到合适大小，如图 9-41 所示。

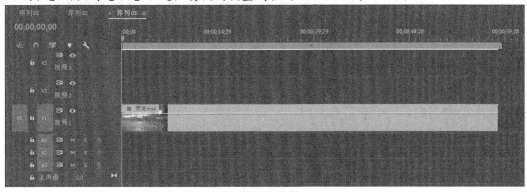

图9-41　将素材放置到【时间轴】面板

2. 选择【工具】面板中的 ▶ 工具，将鼠标指针放置在【V1】轨道名称的空白处，双击鼠标左键，展开关键帧，如图 9-42 所示。

3. 在【时间轴】面板上用鼠标右键单击素材，在弹出的快捷菜单中选择【显示剪辑关键帧】/【时间重映射】/【速度】命令，如图 9-43 所示。时间轴上的素材显示如图 9-44 所示。

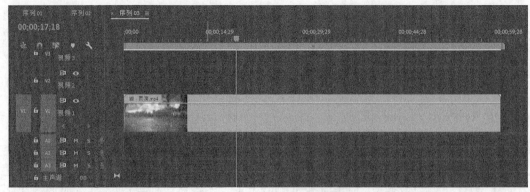

图9-42　展开【V1】轨道的关键帧

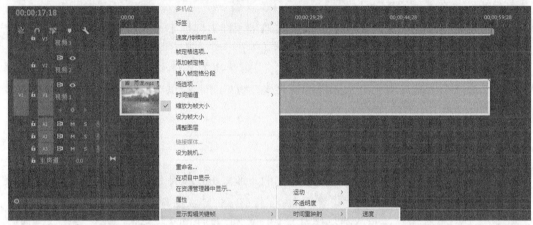

图9-43　选择快捷菜单中的命令

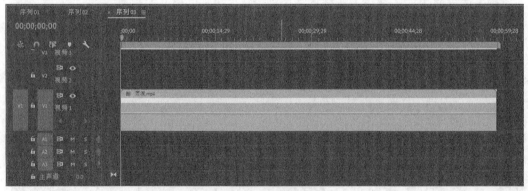

图9-44　时间轴上的素材显示

4. 拖曳时间指针到"00:00:04:12"处，单击【V1】轨道中的添加/移除关键帧按钮，创建一个关键帧。速度关键帧出现在素材顶端的【速度控制】轨道中，如图 9-45 所示。

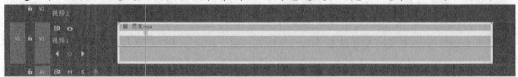

图9-45　创建速度关键帧

5. 选择【工具】面板中的▶工具，将鼠标指针放在素材的控制线上，按住鼠标左键向上或向下拖曳控制线，可以提高或降低这部分素材的运动速度。这里向上拖曳鼠标，控制线处显示现在的素材速度相当于原速度的百分比，当数值变为"200"时释放鼠标左键，如图 9-46 所示。

图9-46　调整素材运动速度

> **要点提示**　改变素材速度，素材的持续时间随之发生变化。素材加速会使持续时间变短，素材减速会使持续时间变长。由图 9-46 可以看到，由于加快素材运动速度，整个素材的持续时间变短。

6. 按空格键播放，发现素材在速度关键帧的位置发生了突变的速度变化。

7. 向右拖曳速度关键帧的右半部分，创建速度的过渡转换。在速度关键帧的左右两部分之间出现一个灰色的区域，表示速度转换的持续时间长度，而且之间的控制线变为一条斜线，表示速度的逐渐变化，如图 9-47 所示。一个蓝色的曲线控制柄出现在灰色区域的中心部分，如图 9-48 所示。

图9-47　创建速度的过渡转换

图9-48　蓝色的曲线控制柄

8. 将鼠标指针放置在控制柄上，按住鼠标左键并拖曳鼠标，可以改变速度变化率，如图 9-49 所示。

图9-49　改变速度变化率

9. 通过 工具选中速度关键帧的右半部分 ，拖曳的同时观察【节目】监视器，移动关键帧到一个新的合适位置。拖曳速度关键帧的左半部分 ，可以向后移动关键帧。对于分开的关键帧，在白色控制轨道中单击并按住 Alt 键，拖曳关键帧左右部分之间的灰色区域，同样可以改变速度关键帧的位置，如图 9-50 所示。

10. 打开【效果控件】面板，可以看到【时间重映射】的参数调整，如图 9-51 所示。但是该效果在【效果控件】面板中不能像其他效果那样直接对数值进行编辑。

图9-50 改变速度关键帧的位置

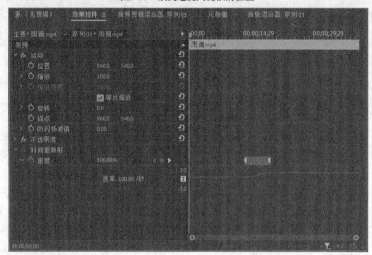

图9-51 【效果控件】面板中的【时间重映射】参数

11. 如果要删除速度关键帧，就选择关键帧中不想要的部分，按 Delete 键，将其删除并把速度关键帧还原为起始状态，如图 9-52 所示。

图9-52 删除速度关键帧的一部分

12. 选择速度关键帧，按 Delete 键，删除整个关键帧，为下一个案例操作做好准备，如图 9-53 所示。

图9-53 删除整个关键帧

9.6.2 设置倒放

倒放后再正放素材可以为序列增添生动或戏剧性的效果。利用时间重映射效果可以在一段素材上调整播放速度，实现倒放后再正放效果，操作步骤如下。

1. 接上例。选中时间轴上的素材，鼠标指针停留在素材上，当指针显示为 ᵗ 时向下拖曳控制线，当指针下显示的速度百分比为 "100" 时释放鼠标左键，恢复素材至原始的播放速度，如图 9-54 所示。

图9-54　恢复素材至原始的播放速度

2.　拖曳时间指针到 "00:00:07:04" 处，单击【V1】轨中的添加/移除关键帧按钮 ，创建一个速度关键帧，如图 9-55 所示。

图9-55　创建速度关键帧（1）

3.　按住 Ctrl 键的同时向右拖曳关键帧，同时【节目】监视器上显示倒放的开始位置帧与倒放的结束位置帧两幅画面，如图 9-56 所示。待【节目】监视器上的时码显示为 "00:00:14:08" 时释放鼠标左键，此时素材将倒放至其开始帧。

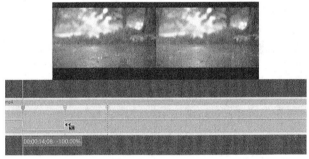

图9-56　创建速度关键帧（2）

4.　释放鼠标左键后，【时间轴】面板中会出现两个新的关键帧，标记出两个相当于拖曳长度的片段。在【速度控制】轨道上出现左箭头标记的片段为 «««««« 的倒放片段，如图 9-57 所示。

图9-57　创建倒放效果

> **要点提示**　可以为 3 个关键帧创建速度变化的过渡，并通过拖曳曲线控制柄，调节速度变化率。

5.　按空格键播放，预览素材的倒放效果。

9.6.3　创建静帧

可以将素材中的某一帧 "冻结"，好像导入静帧一样。创建静帧后，还可以创建速度变化的过渡。

创建静帧的方法如下。

1. 接上例。按 [Ctrl]+[Z] 组合键，撤销倒放操作。

2. 按住 [Ctrl] 键和 [Alt] 键的同时，向右拖曳关键帧，提示条显示为 "00:00:14:11" 时释放鼠标左键，此时素材帧的冻结时间为 "00:00:07:04" ~ "00:00:14:11"，如图 9-58 所示。释放鼠标左键后，该位置出现一个新的关键帧。两个关键帧之间为运动静止区，如图 9-59 所示。

图9-58　拖曳鼠标创建静帧效果

图9-59　创建静帧效果

3. 向左拖曳左侧冻结关键帧的左半部分或向右拖曳右侧冻结关键帧的右半部分，可以为冻结关键帧创建过渡转换，如图 9-60 所示。

图9-60　为冻结关键帧创建过渡转换

9.6.4　移除时间重映射效果

移除时间重映射效果需要在【效果控件】面板中展开【时间重映射】参数面板，单击动画记录器按钮，打开【警告】对话框，如图 9-61 所示，单击 确定 按钮退出。这样将删除所有的关键帧，并关闭【时间轴】面板中素材的时间重映射效果。

图9-61　【警告】对话框

如果要重新设置时间重映射效果，就单击动画记录器按钮，将其设置为开启状态即可。

9.7　小结

本章主要介绍了 Premiere Pro 2020 中视频素材共有的固定效果：运动、不透明度、时间重映射。改变素材的运动、不透明度是在后期制作中常用的编辑方法；时间重映射可以实现同一素材不同部分速度的分段变化，还可以创建平滑的过渡效果，并且易于控制。使用运动主要涉及运动路径的设置、运动速度的变化、运动状态的调整。本章的内容是视频效果的基础内容，掌握这部分内容比较容易，但要用好用活，还需要注意结合其他表现手法，不能孤立地使用运动，经常需要和后面章节的其他视频效果结合使用。

9.8 习题

一、简答题

1. 改变素材在屏幕上的位置有哪两种方法？
2. 如果希望素材正好处于屏幕的左边缘外，应该如何定位运动参数？
3. 时间重映射有什么功能？
4. 在【效果控件】面板中设置时间重映射效果，却无法调节关键帧参数，是什么原因？如何解决？

二、操作题

1. 素材从屏幕的左上角旋转着飞入画面，又继续旋转着从画面的右下角飞出，同时素材的尺寸由最小到满屏显示，又变为最小。
2. 通过时间重映射效果实现在摇镜头过程中速度先加快、后正常的效果。
3. 通过时间重映射效果实现在推镜头过程中速度先正常，然后突然加快，最后又逐渐恢复为正常的效果。

第10章　视频合成编辑

合成编辑是视频节目制作中非常重要的部分。Premiere Pro 2020 提供了各种合成功能，可以合成任意轨道数量的视频、图形或图像。在节目片头、片花制作中就经常采用这种方法，特别是多画面的合成。

【教学目标】
- 掌握使用【不透明度】效果合成素材的方法。
- 掌握使用【混合】效果、【纹理】效果合成素材的方法。
- 掌握使用 Alpha 调节的方法。
- 掌握使用【非红色键】【颜色键】和【亮度键】效果抠像的方法。
- 掌握使用各种遮罩抠像的方法。

10.1　使用不透明度效果

使用不透明度效果是一种非常简单的实现视频合成的方法，通过改变素材的透明程度，可以通过该层素材看到低层轨道上的视频。

【效果控件】面板中包括了一个不透明度效果，使用它可以对视频素材的不透明度进行设置。与【效果控件】面板中的其他效果一样，不透明度效果也是通过设置关键帧并使关键帧的数值产生变化，以实现不透明度的变化，如图 10-1 所示。

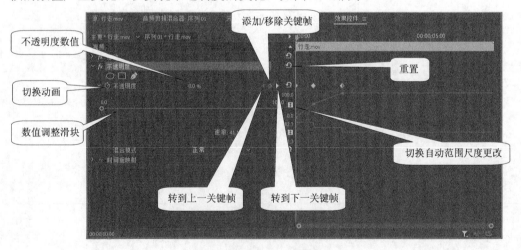

图10-1　不透明度效果

在不透明度效果中，只有单击⏱按钮使其呈⏱显示，才能够增加关键帧，当单击切换动画按钮使其呈⏱显示时，将删除全部关键帧。右侧时间轴用来显示关键帧位置，可以用鼠标直接拖动关键帧进行位置调整，按 Delete 键可以将所选关键帧删除。单击◆按钮，可以在时间指针位置增加一个关键帧。需要注意的是，如果拖动滑块或直接设置数值，也会在时间指针位置增加一个关键帧，因此如果要调整已有关键帧的数值，必须使用◀和▶按钮使时间指针跳转到相应的关键帧位置，然后进行数值设置。用鼠标右键单击关键帧，会打开图10-2 所示的快捷菜单，该菜单包含撤销上一步操作，剪切、复制、粘贴、清除和全选关键帧等命令。

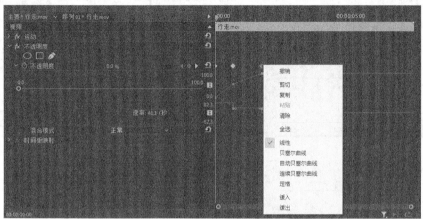

图10-2　不透明度效果关键帧快捷菜单

使用不透明度效果进行合成的方法如下。

1. 启动 Premiere Pro 2020，新建一个"T10"项目。在【项目】面板中新建"序列01"，双击【项目】面板空白处，在弹出的【导入】窗口中定位到本地硬盘"素材"文件夹，将视频素材"行走.mov""云朵.mp4""雨滴.mp4"导入【项目】面板中，如图 10-3 所示。

图10-3　【项目】面板

2. 分别将"行走.mov"和"云朵.mp4"素材拖曳到【时间轴】面板的【V1】和【V2】轨道上。

3. 选择【工具】面板中的▦工具，将鼠标指针放置在素材"云朵.mp4"的右边缘，拖曳使其长度与【V1】轨道的"行走.mov"相同，如图 10-4 所示。

4. 选择【工具】面板中的▶工具，选择素材"云朵.mp4"，打开【效果控件】面板。单击【不透明度】左侧的❯图标，展开其参数面板。将时间指针移动到素材的起始位置，单击【不透明度】左侧的◉按钮，将【不透明度】参数设置为"0"，记录一个关键帧，如图 10-5 所示。

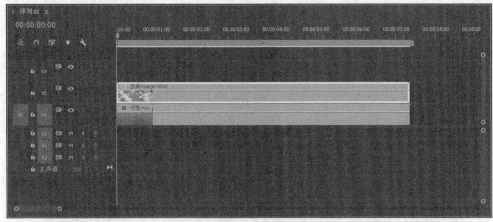

图10-4　改变"云朵.mp4"的长度

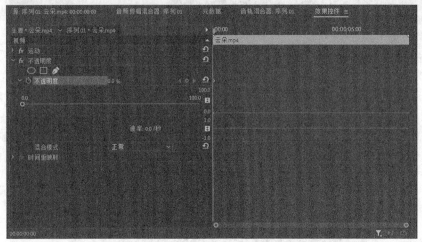

图10-5　设置【不透明度】起始帧参数

5.　将时间指针移动到素材的结束位置，单击【不透明度】右侧的按钮，设置【不透明度】参数为"60"，记录第 2 个关键帧，如图 10-6 所示。

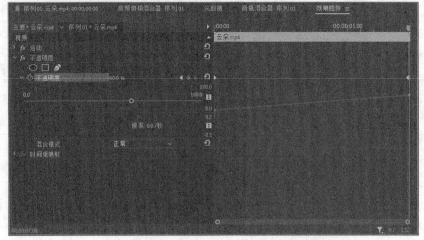

图10-6　设置【不透明度】结束帧参数

6. 按空格键播放素材，可以看到【V2】轨道上的素材由无到有且逐渐显现的效果。

7. 在【时间轴】面板的素材"云朵.mp4"上单击鼠标右键，在弹出的快捷菜单中选择【复制】命令，如图 10-7 所示，然后按 Delete 键将其删除。

图10-7　选择【复制】命令

8. 将【项目】面板中的"雨滴.mp4"拖曳到【时间轴】面板中的【V2】轨道，选择【工具】面板中的 工具，拖曳"雨滴.mp4"的边缘，使"雨滴.mp4"的长度与"行走.mov"的相同，如图 10-8 所示。

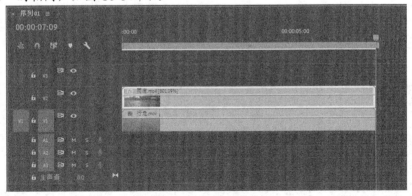

图10-8　改变"雨滴.mp4"的长度

9. 在素材"雨滴.mp4"上单击鼠标右键，在弹出的快捷菜单中选择【粘贴属性】命令，把为"云朵.mp4"设置的不透明度关键帧及参数应用到"雨滴.mp4"上，如图 10-9 所示。在弹出的【粘贴属性】对话框中选择要粘贴的效果，然后单击 确定 按钮，如图 10-10 所示。

图10-9　选择【粘贴属性】命令

图10-10　【粘贴属性】对话框

> **要点提示**　通过【粘贴属性】命令可以将应用到素材上的所有视频效果的关键帧及参数设置粘贴到另一个素材上。

10. 素材"雨滴.mp4"的起始帧、结束帧的关键帧设置及效果如图 10-11 所示。

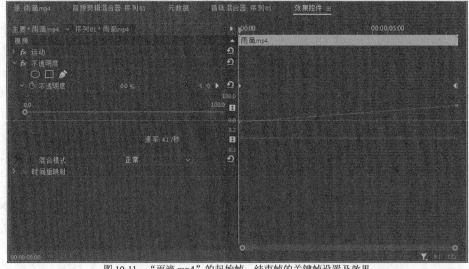

图 10-11　"雨滴.mp4"的起始帧、结束帧的关键帧设置及效果

图10-11　"雨滴.mp4"的起始帧、结束帧的关键帧设置及效果（续）

10.2　使用多轨视频效果

多轨视频效果主要指混合效果和纹理效果。混合效果是指定当前【时间轴】面板中一个轨道上的素材、图形图像作为当前轨道素材的融合层，产生各种融合效果。纹理效果是在一个轨道素材上显示另一个轨道素材的纹理。通过混合效果和纹理效果，可以将不同视频轨道上的素材混合到一起，得到合成效果。

混合效果的使用方法如下。

1. 新建一个"序列 02"，在【项目】面板的空白处双击，导入图像素材"图形 01.png"和"牡丹.jpg"。

2. 将"牡丹.jpg"拖曳到【时间轴】面板的【V1】轨道，将"图形 01.png"拖曳到【时间轴】面板的【V2】轨道，如图 10-12 所示。

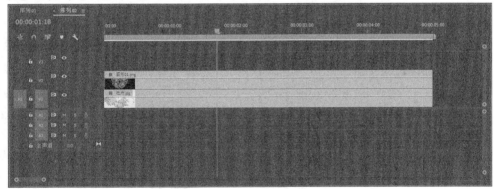

图10-12　【时间轴】面板

3. 在【效果】面板中选择【视频效果】/【通道】/【混合】效果，并将其拖曳到【时间轴】面板【V1】轨道的"牡丹.jpg"上，如图 10-13 所示。

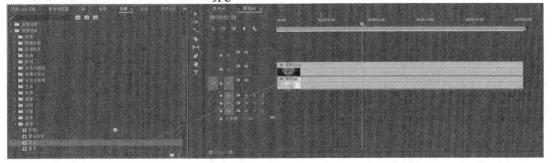

图10-13　添加【混合】效果

4. 此时混合效果出现在"牡丹.jpg"的【效果控件】面板上，在该面板中单击【混合】左侧的图标，展开参数面板，如图 10-14 所示。

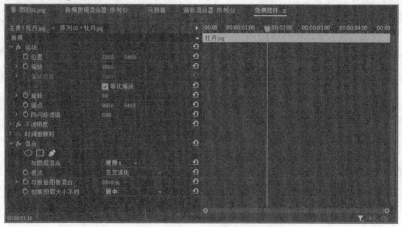

图10-14　【混合】参数面板

【混合】参数面板中的主要选项及参数功能介绍如下。

- 【与图层混合】：选择一个轨道作为当前层的融合层。
- 【模式】：用于设置不同层的融合方式，有【交叉淡化】【仅颜色】【仅色彩】【仅变暗】和【仅变亮】5 种。
- 【与原始图像混合】：设置素材的融合程度。
- 【如果图层大小不同】：设置指定轨道中的素材尺寸与当前素材不匹配时的处理方式。若选择【居中】选项，则将指定轨道的素材放在当前层的中心处；若选择【伸展以适合】选项，则将放大或缩小指定层来适配当前素材尺寸。

5. 设置【与图层混合】为【视频 2】，【与原始图像混合】参数为"50%"，其余参数使用默认设置，如图 10-15 所示。

6. 在【节目】监视器面板中仍然看不到混合效果。使用混合效果，如果指定层位于当前层轨道的上方，需要将指定层轨道的轨道输出

图10-15　参数设置

关闭或将指定素材的启用取消。单击【V2】轨道左侧的图标，将轨道输出关闭。采用这种方法，将这个轨道上所有素材的显示都关闭，如图 10-16 所示。

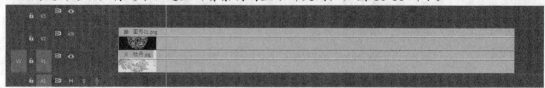

图10-16　关闭【V2】轨道的轨道输出

7. 再次单击【V2】轨道左侧的图标，将指定【V2】轨道的轨道输出打开。在素材"图形 01.png"上单击鼠标右键，弹出的快捷菜单如图 10-17 所示，取消选择【启用】命

令，将启用关闭。

8. 这样只关闭【V2】轨道上素材"图形 01.png"的显示，不会影响该轨道上的其他素材，混合效果如图 10-18 所示。由于当前选择的混合【模式】是【交叉淡化】，效果和使用不透明度效果相似。

图10-17 弹出的快捷菜单

图10-18 混合合成效果

纹理效果的使用方法如下。

1. 接上例。选择在【时间轴】面板中的素材"牡丹.jpg"，在【效果控件】面板中将【混合】效果删除。

2. 在【效果】面板中选择【视频效果】/【风格化】/【纹理】，并将其拖曳到【时间轴】面板的"牡丹.jpg"上，如图 10-19 所示。

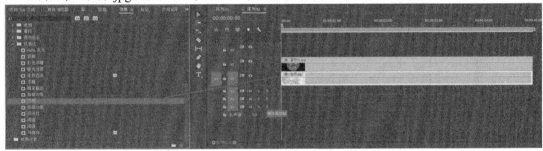

图10-19 添加纹理效果

3. 【纹理】出现在"牡丹.jpg"的【效果控件】面板上，单击左侧的 图标，展开参数面板，如图 10-20 所示。

【纹理】参数面板中的选项及参数功能介绍如下。

- 【纹理图层】：用于设置产生纹理图案的轨道。

图10-20 【纹理】参数面板

- 【光照方向】：用于设置灯光的照射方向。

- 【纹理对比度】：用于设置产生纹理的对比度。

- 【纹理位置】：用于设置如何放置图案。若选择【平铺纹理】选项，则重复纹理填充；若选择【居中纹理】选项，则将纹理放在当前层的中心处；若选择【伸缩纹理以适合】选项，则将放大或缩小纹理图像来适配当前的素材尺寸。

4. 将【纹理图层】设置为【视频 2】,【纹理对比度】设置为 "2",【纹理位置】参数设置为【居中纹理】, 其参数设置及合成效果如图 10-21 所示。

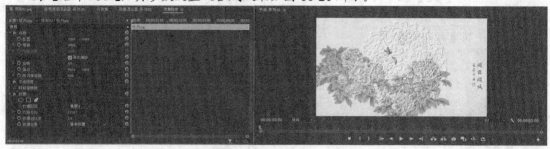

图10-21　【纹理】参数设置及合成效果

5. 在【项目】面板中导入素材 "图形 02.png", 并将其拖曳到【时间轴】面板的【V2】轨上, 将 "图形 01.png" 素材覆盖, 如图 10-22 所示。

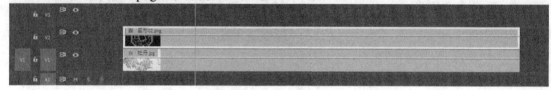

图10-22　【时间轴】面板

6. 在【时间轴】面板上选择 "图形 02.png", 单击鼠标右键, 在弹出的快捷菜单中取消选择【缩放为帧大小】命令, 使素材恢复原始大小。关闭【V2】轨道的轨道输出, 效果如图 10-23 所示, 左侧为纹理图, 右侧为合成图。即使 "图形 02.png" 没有纹理也能产生纹理效果。

图10-23　"图形 02.png" 的纹理图和合成图

7. 选择【时间轴】面板中的 "牡丹.jpg", 在【效果控件】面板的【纹理】效果中将【纹理位置】设置为【平铺纹理】, 效果如图 10-24 所示, 设置后产生了纹理重复的效果。

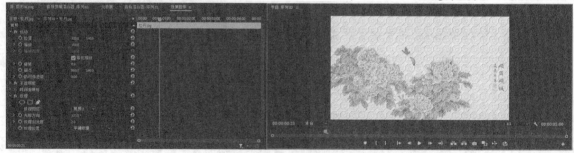

图10-24　平铺纹理效果

10.3　键控效果

键控又称为抠像，是使图像的某一部分透明，将所选颜色或亮度从画面中去除，去掉颜色的图像部分透明，显示出背景画面，没有去掉颜色的部分仍旧保留原有的图像，以达到画面合成的目的。通过这种方式，单独拍摄的画面经抠像后可以与各种景物叠加在一起。例如，真人与三维角色、场景的结合，以及一些科幻、魔幻电影特技的超炫画面等，这些合成效果需要事先在蓝屏或绿屏前拍摄素材。通过抠像效果不仅使艺术创作的丰富程度大大增强，而且也为难以拍摄的镜头提供了替代解决方案，同时降低了拍摄成本。

展开【效果】面板的【视频效果】/【键控】效果组，分类夹下共有 9 种效果用于实现素材合成编辑，每种键的功能与使用各不相同。对同一个素材选择不同的键，会产生不同的合成效果。各个键控的设置中有一些相同的参数和选项，在下面的讲述中，对相同部分将不重复叙述。如图 10-25 所示，【键控】效果除【Alpha 调整】之外，其余效果基本可分为以下 3 类。

(1)　色彩、色度类特效：包括【超级键】【非红色键】和【颜色键】。

(2)　亮度类特效：包括【亮度键】。

(3)　遮罩类特效：包括【图像遮罩键】【差值遮罩】【移除遮罩】和【轨道遮罩键】。

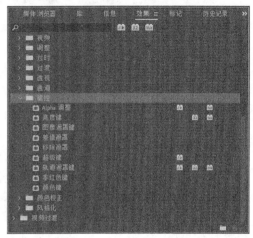

图10-25　【键控】效果

10.3.1　使用 Alpha 调整效果

Alpha 调整（Alpha 通道调整）键是针对素材的 Alpha 通道进行处理的一种键，有些静态或序列图片本身含有 Alpha 通道，利用 Alpha 通道可以控制素材的透明关系，对应通道白色部分素材完全不透明，黑色部分完全透明，黑与白之间的灰色部分呈半透明。利用【效果】面板中的【Alpha 调整】可以调整通道的不透明度、反转、输出等。

下面先讲述 Alpha 通道的含义。

Alpha 通道是数字图像基色通道之外，决定图像每一个像素不透明度的一个通道。Alpha 通道使用灰度值表示不透明度的大小，一般情况下，纯白为不透明，纯黑为完全透明，介于白黑之间的灰色表示部分透明。和基色通道一样，Alpha 通道一般也是采用 8 比特量化，因而可以表示 256 级灰度变化，也就是说可以表现出 256 级的不透明度变化范围。比如 RGB 通道值是 255 的白色圆，如果 Alpha 通道值是 128，在显示时就是"50%"不透明度的灰色圆。

Alpha 通道也是可见的，如图 10-26 所示，左图是原始图像，中图是 Alpha 通道，右图是利用 Alpha 通道合成后的图像。Alpha 通道的作用主要有以下 3 个。

- 用于合成不同的图像，实现混合叠加。
- 用于选择图像的某一区域，方便修改、处理。

- 利用 Alpha 通道对基色通道的影响，制作丰富多彩的视觉效果。

Alpha 通道可与基色通道一起组成一个文件，在存储时一般可以进行选择。

图10-26　带 Alpha 通道的图像

应用 Alpha 调整效果，方法如下。

1. 新建一个"序列 03"。在【项目】面板的空白处双击，导入"飞龙.png""山水.jpg"素材文件。

2. 将"山水.jpg"拖曳到【时间轴】面板的【V1】轨道，将"飞龙.png"拖曳到【时间轴】面板的【V2】轨道，如图 10-27 所示。

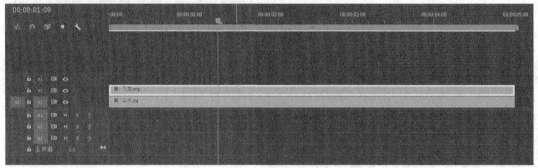

图10-27　【时间轴】面板

3. 在【时间轴】面板中选择【V2】轨道上的"飞龙.png"，在【效果控件】面板中单击【运动】效果左边的  按钮，将"飞龙.png"【缩放】效果参数设置为"52"，将素材缩放到合适大小。

4. 由于"飞龙.png"自身含有 Alpha 通道，透明信息已经包含在素材中，所以 Premiere Pro 在序列中自动显示为透明。如图 10-28 所示，左图是含有 Alpha 通道的图像，中图是它的 Alpha 通道，右图为合成效果。

图10-28　含有 Alpha 通道图像的合成效果

5. 在【效果】面板中选择【视频效果】/【键控】/【Alpha 调整】，并将其拖曳到【时间轴】面板的"飞龙.png"上，【Alpha 调整】出现在"飞龙.png"的【效果控件】面板上。单击效果左侧的 图标，展开参数面板，如图 10-29 所示。

图10-29　【Alpha 调整】参数面板

在 Premiere Pro 中生成的字幕文件都带 Alpha 通道，当一个带 Alpha 通道的素材被放到除了【V1】轨以外的视频轨上，将自动使用 Alpha 通道与下面视轨中的素材产生叠加效果。而使用 Alpha 调整键就可以对素材的 Alpha 通道进行处理。Alpha 调整键主要有以下 4 项设置。

- 【不透明度】：用于调节 Alpha 通道的不透明程度。
- 【忽略 Alpha】：勾选该复选框，将忽略素材中的 Alpha 通道，素材将整体覆盖下面视轨的素材，效果如图 10-30 所示。
- 【反转 Alpha】：勾选该复选框，将反转素材中的 Alpha 通道，就是使 Alpha 通道中黑白反转，原来显示的区域变成不显示，原来不显示的区域变成显示，效果如图 10-31 所示。

图10-30　应用【忽略 Alpha】效果　　　　　图10-31　应用【反转 Alpha】效果

- 【仅蒙版】：勾选该复选框，将使素材仅显示它的蒙版，是一个灰度图，效果如图 10-32 所示。

一个素材是否带有 Alpha 通道，可以通过查看文件属性来获知。值得注意的是，并非所有的图像文件都包括 Alpha 通道，像*.jpg、*.gif 等文件肯定没有包括 Alpha 通道。要存储带 Alpha 通道的图像，一般常用 "*.tga" "*.tif" "*.png" 文件格式。

在 Alpha 调整键中虽然也可以设置关键帧，但除了其中的【不透明度】项外，其他 3 项设置关键帧的实际意义不大，因为这 3 项没有数值设置，因此在它们的右侧没有　　　按钮可以利用。其他键中也有类似情况，凡是应用关键帧实际意义不大的项目，其右侧都没有　　　按钮。

图10-32　应用【仅蒙版】效果

10.3.2　使用色彩、色度类效果抠像

使用色彩、色度键抠像的原理是为素材选择一种颜色，使其变为透明，然后再通过调节其余参数确定色彩选择的范围。

一、色彩、色度类效果

(1)　【非红色键】：可以在素材的蓝色和绿色背景创建透明区域，参数设置如图 10-33 所示。

- 【阈值】：调整参数或向左拖曳滑杆，直至蓝色、绿色部分产生透明。
- 【屏蔽度】：调整参数或向右拖曳滑杆，增加由【界限】参数产生的不透明区域的不透明度。
- 【去边】：从素材不透明区域的边缘移除剩余的蓝色或绿色。若选择【无】，则不启用该项功能；若选择【绿色】【蓝色】，则分别针对绿色或蓝色背景素材。
- 【平滑】：用于设置透明与不透明区域之间的光滑度，其下拉列表中有【无】【低】和【高】3 个选项。
- 【仅蒙版】：将透明与不透明区域以黑白遮罩的形式显示，类似于显示 Alpha 通道。

(2)　【颜色键】：可以使与指定颜色接近的颜色区域变得透明，显示下层轨道的画面，参数设置如图 10-34 所示。

图10-33　【非红色键】参数设置面板

图10-34　【颜色键】参数设置面板

- 【主要颜色】：选择要抠掉的颜色。单击色块可以在打开的颜色拾取器中选择颜色，通过 ✏ 工具可以在屏幕中选择任意颜色。
- 【颜色容差】：设置与抠掉颜色的相似度。数值越高，与指定颜色相近的颜色被透明的越多，反之，被透明的颜色越少。

- **【边缘细化】：** 设置不透明区域的边缘宽度。数值越大，不透明区域边缘越薄。
- **【羽化边缘】：** 设置不透明区域边缘的羽化程度。数值越高，边缘过渡越柔和。

（3）**【超级键】：** 该效果通过制定某种颜色，在选项中调整差值等参数，以显示素材的透明度。如图 10-35 所示，左图为原始画面，中图是背景画面，右图为运用效果后的画面。

图10-35　应用【超级键】效果

【超级键】参数设置面板如图 10-36 所示，其中的选项及功能介绍如下。

（1）**【输出】：** 允许在【节目】监视器中查看调整的最终结果，包含【合成】【Alpha 通道】及【颜色通道】。

（2）**【设置】：** 允许在【节目】监视器中查看设置的最终结果，包含【默认】【弱效】【强效】及【自定义】。

（3）**【主要颜色】：** 单击█图标，打开【拾色器】对话框，选择主要颜色后单击 确定 按钮，或者单击拾色器图标 ✐，并选择主要颜色。

图10-36　【超级键】参数设置面板

（4）**【遮罩生成】：** 通过指定一种特定的颜色，将其在素材中遮罩起来，然后通过设置其透明度、高光、阴影等参数进行合成。

- **【透明度】：** 在背景上抠像源后，控制源的透明度。值的范围为 "0~100"，"0" 表示不透明，"100" 表示完全透明，默认值为 "45"。
- **【高光】：** 增加源图像的亮区的不透明度。可以使用 "高光" 提取细节，如透明物体上的镜面高光。值的范围为 "0~100"，默认值为 "10"，"0" 不影响图像。
- **【阴影】：** 增加源图像的暗区的不透明度。可以使用它来校正由于颜色溢出而变透明的黑暗元素，值的范围为 "0~100"，默认值为 "50"，"0" 不影响图像。
- **【容差】：** 从背景中滤出前景图像中的颜色，增加了偏离主要颜色的容差。可以使用它移除由色偏所引起的伪像，也可以使用它控制肤色和暗区上的溢出，值的范围为 "0~100"，默认值为 "50"，"0" 不影响图像。
- **【基值】：** 从 Alpha 通道中滤出通常由粒状或低光素材所引起的杂色。值的范围为 "0~100"，默认值为 "10"，"0" 不影响图像。源图像的质量越高，【基值】可以设置得越低。

（5）**【遮罩清除】：** 可从以彩色预先正片叠底的素材中删除色边。

- **【抑制】：** 缩小 Alpha 通道遮罩的大小，执行形态侵蚀（部分内核大小）。阻塞级别值的范围为 "0~100"，"100" 表示 "9×9" 内核，默认值为 "0"，"0" 不影响图像。
- **【柔化】：** 使 Alpha 通道遮罩的边缘变模糊。执行盒形模糊滤镜（部分内核大

小），模糊级别值的范围为 "0~100"，"0" 不影响图像，默认值为 "0"，
"1.0" 表示 "9×9" 内核。

- 【对比度】：调整 Alpha 通道的对比度。值的范围为 "0~100"，默认值为 "0"，
"0" 不影响图像。

- 【中间点】：选择对比度值的平衡点。值的范围为 "0~100"，默认值为 "50"，
"0" 不影响图像。

(6) 【溢出抑制】：可去除用于颜色抠像的彩色背景中的前景主题颜色溢出。

- 【降低饱和度】：控制颜色通道背景颜色的饱和度。降低接近完全透明的颜色
的饱和度。值的范围为 "0~50"，默认值为 "25"，"0" 不影响图像。

- 【范围】：控制校正的溢出的量。值的范围为 "0~100"，"0" 不影响图像，默
认值为 "50"。

- 【溢出】：调整溢出补偿的量。值的范围为 "0~100"，"0" 不影响图像，默认
值为 "50"。

- 【亮度】：与 Alpha 通道结合使用可恢复源的原始明亮度。值的范围为
"0~100"，默认值为 "50"，"0" 不影响图像。

(7) 【颜色校正】：控制前景源的饱和度、色相和明亮度。

- 【饱和度】：控制前景源的饱和度。值的范围为 "0~200"，默认值为 "100"。
设置为 "0"，将会移除所有色度。

- 【色相】：控制色相。值的范围为 "-180°~+180°"，默认值为 "0°"。

- 【明亮度】：控制前景源的明亮度。值的范围为 "0~200"，"0" 表示黑色，
"100" 表示 "4x"，默认值为 "100"。

二、利用非红色键效果抠像

1. 新建一个 "序列 04"。在【项目】面板的空白处双击，导入视频文件 "群鸟.mp4" 和
"群鸟 绿背.mp4"。

2. 将 "群鸟.mp4" 拖曳到【时间轴】面板的【V1】轨道，"群鸟 绿背.mp4" 拖曳到【时
间轴】面板的【V2】轨道。将时间指针移动到 "00:00:08:13" 处，单击【工具】面板
中的 工具，在 "00:00:08:13" 处裁剪素材 "群鸟 绿背.mp4" 并删除素材后半部分，
使其保留长度与【V1】轨道的 "群鸟.mp4" 相同，如图 10-37 所示。

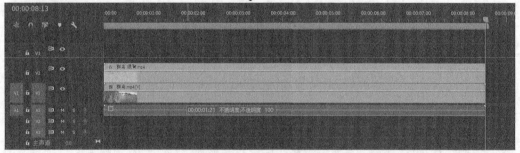

图10-37　【时间轴】面板

3. 在【效果】面板中选择【视频效果】/【键控】/【非红色键】，并将其拖曳到【时间
轴】面板的素材 "群鸟 绿背.mp4" 上，如图 10-38 所示。

图10-38　添加非红色键效果

4. 在【效果控件】面板中单击【非红色键】左侧的 图标，展开参数面板。将鼠标指针放在【阈值】属性右侧的数字上拖曳，将数值设置为"38%"，同样将【屏蔽度】属性数值设置为"30%"，如图 10-39 所示，效果如图 10-40 所示，左图是抠像素材，中图是背景素材，右图是合成效果。

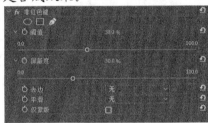

图10-39　参数面板设置

图10-40　非红色键效果

> 要点提示　在抠像过程中，如果使用一种方法的抠像效果不理想，可以尝试其他方法。

10.3.3　使用亮度键效果

亮度键根据素材的亮度值创建透明效果，亮度值较低的区域变为透明，而亮度值较高的区域得以保留。对于高反差的素材，使用该键能够产生较好的效果。

应用亮度键抠像的方法如下。

1. 新建一个"序列 05"。导入本地硬盘"素材"文件夹中的素材"蓝天白云.wmv"和"行走.mov"，将"行走.mov"拖曳到【时间轴】面板的【V1】轨道，将"蓝天白云.wmv"拖曳到【时间轴】面板的【V2】轨道。

2. 选择【时间轴】面板上的"蓝天白云.wmv"素材，单击鼠标右键，在弹出的快捷菜单中选择【取消链接】命令，删除素材"蓝天白云.wmv"的音频部分。单击【工具】面板中的 工具，将鼠标指针放置在素材"蓝天白云.wmv"的右边缘，拖曳使其长度与【V1】轨道的"行走.mov"相同，如图 10-41 所示。

图10-41　【时间轴】面板

3. 选择【时间轴】面板上的"蓝天白云.wmv"素材，在【效果控件】面板中将【缩放】效果参数设置为"124.0"，使素材将画面全部铺满，如图 10-42 所示。

图10-42　设置素材【缩放】效果参数

4. 在【效果】面板中选择【视频效果】/【键控】/【亮度键】，并将其拖曳到【时间轴】面板的"蓝天白云.wmv"素材上，如图 10-43 所示。

图10-43　添加亮度键效果

5. 【亮度键】效果出现在"蓝天白云.wmv"的【效果控件】面板中，展开其参数面板，如图 10-44 所示。

　　【亮度键】的各参数、选项含义介绍如下。

- 【阈值】：设置变为透明的亮度值范围，较高的数值设置较大的透明范围。

- 【屏蔽度】：配合【阈值】设置，较高的数值设置较大的透明度。

图10-44　【亮度键】参数面板

6. 设置【阈值】参数为"16.0%"，【屏蔽度】参数为"76.0%"，参数设置及合成效果如图 10-45 所示。

图10-45　合成效果

10.4　遮罩类效果

遮罩抠像是在素材上开个窗，使另一个素材的一部分显示出来。遮罩抠像可以使用自定义的遮罩图形来确定让素材的哪些区域变为透明，哪些区域变为不透明。

这种类型遮罩有 4 种抠像效果，下面进行简要介绍。

(1) 【差值遮罩】：首先将指定素材与素材按对应像素对比，然后使素材中与指定素材匹配的像素透明，不匹配的像素留下显示。利用该键可以有效去除运动物体后面的背景，然后将运动物体叠加到其他素材上。其参数设置面板如图 10-46 所示。

- 【视图】：指定观察对象，有【最终输出】【仅限源】【仅限遮罩】3 个选项。
- 【差值图层】：选择与当前素材进行比较的素材所在的轨道。
- 【如果图层大小不同】：指定如何放置素材。若选择【居中】选项，则将指定素材放在当前素材的中心处；若选择【伸缩以适合】选项，则将放大或缩小指定素材图像来适配当前素材尺寸。
- 【匹配容差】：设置与抠掉颜色的相似度。数值越高，与指定颜色相近的颜色被透明的越多，反之被透明的颜色越少。
- 【匹配柔和度】：设置抠像后素材边缘的柔化程度。
- 【差值前模糊】：用模糊背景来消除颗粒。

(2) 【图像遮罩键】：以载入静态图像的 Alpha 通道或亮度信息决定透明区域。对应白色部分完全不透明，对应黑色部分完全透明，而黑白之间的过渡部分则为半透明。单击右上角的 ![按钮] 按钮，引入要作为遮罩的图像，这是一种静态效果，使用方法有限，其参数设置面板如图 10-47 所示。

图10-46　【差值遮罩】参数面板　　　　　　　　图10-47　【图像遮罩键】参数面板

- 【合成使用】：选择使用图像的何种属性合成，有【Alpha 遮罩】和【亮度遮罩】两个选项。
- 【反向】：反转遮罩的黑白关系，从而反转透明区域。

(3) 【移除遮罩】：如果在抠像时边缘周围出现细小光晕的图形，可以使用移除遮罩删除它。若设置【遮罩类型】为【黑色】，则去掉黑色背景；若设置【遮罩类型】为【白色】，则去掉白色背景，其参数设置面板如图 10-48 所示。

(4) 【轨道遮罩键】：轨道遮罩键效果与图像遮罩键效果相似，都是利用灰度图像控制素材的透明区域。不同之处在于轨道遮罩键效果的灰度图像是放在一个独立的视频轨道上，而不是直接运用到素材上。使用轨道遮罩键效果突出的优点是可以对遮罩设置动画，其参数设置面板如图 10-49 所示。

图10-48　【移除遮罩】参数面板

图10-49　【轨道遮罩键】参数面板

- 【遮罩】：设置欲作为遮罩的素材所在的轨道。
- 【合成方式】：选择使用素材的何种属性合成。若选择【Alpha 遮罩】，则使用遮罩图像的 Alpha 通道作为合成素材的遮罩；若选择【亮度遮罩】，则使用遮罩图像的亮度信息作为合成素材的遮罩。

轨道遮罩键有着广泛的应用，使用方法如下。

1. 新建一个"序列 06"。在【项目】面板中导入素材"雨滴.mp4"，并拖曳到【时间轴】面板的【V1】轨道。

2. 在【时间轴】面板中选择"雨滴.mp4"，单击鼠标右键，在弹出的快捷菜单中选择【复制】命令。单击【V2】轨道，将时间指针移动到序列的起始位置，使用 $\boxed{\text{Ctrl}}$+$\boxed{\text{V}}$ 组合键复制"雨滴.mp4"素材到【V2】轨道，如图 10-50 所示。

图10-50　复制素材到【V2】轨道

3. 选择【视频效果】/【图像控制】/【黑白】效果，并将其拖曳到【时间轴】面板【V1】轨道的素材"雨滴.mp4"上，将彩色图像转换为灰度图像作为背景图片。暂时关闭【V2】轨的轨道输出，在【节目】监视器中预览效果，如图 10-51 所示。

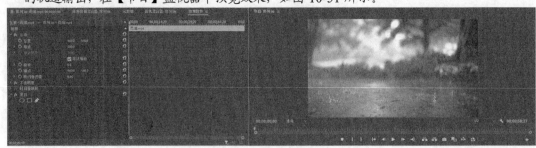

图10-51　添加黑白效果

4. 打开【V2】轨的轨道输出，在【项目】面板中的空白处双击，导入作为遮罩的素材"遮罩 01.jpg"，并放置到【V3】轨道，调整其时间长度与"雨滴.mp4"素材对齐，如图 10-52 所示。

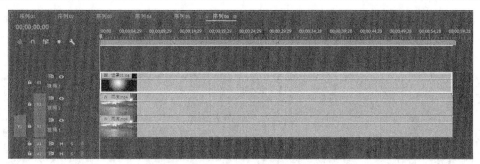

图10-52　调整轨道中的"遮罩 01.jpg"素材

5. 选择【视频效果】/【键控】/【轨道遮罩键】效果，并将其拖曳到【时间轴】面板
【V2】轨道的素材"雨滴.mp4"上，如图 10-53 所示。

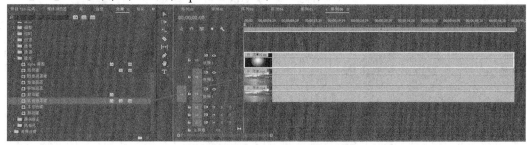

图10-53　添加轨道遮罩键效果

6. 在【效果控件】面板中单击【轨道遮罩键】左侧的 图标，在【遮罩】中选择【视频
3】作为遮罩，设置【合成方式】为【亮度遮罩】，使用遮罩图像的亮度信息作为合成
素材的遮罩，如图 10-54 所示。

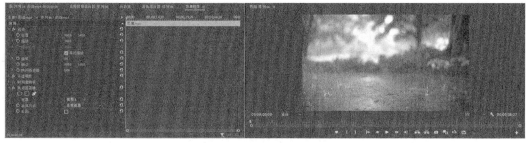

图10-54　设置轨道遮罩键参数

7. 在【时间轴】面板中选择"遮罩 01.jpg"，移动时间指针到序列的起始位置，在【效果
控件】面板中单击【运动】特效左侧的 图标，展开参数面板。设置【缩放】值为
"0"，单击左侧的 按钮，记录一个关键帧，如图 10-55 所示。

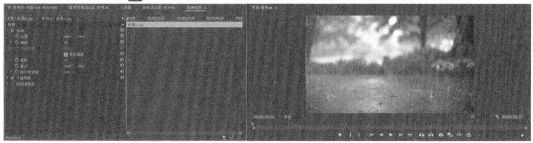

图10-55　设置缩放效果参数

8. 单击【节目】监视器面板下方的 ![]按钮，将时间指针移动到序列的结束帧。在【效果控件】面板中改变【缩放】参数，将其设置为 "400"，系统自动记录关键帧，如图 10-56 所示。

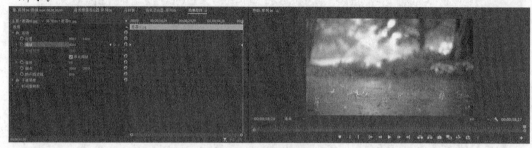

图10-56　改变缩放效果参数

9. 在【节目】监视器中单击 ![]按钮播放，可以看到图片由黑白逐渐转成彩色的合成效果，如图 10-57 所示。

图10-57　合成效果

10.5　小结

本章主要介绍了不透明度效果、多轨视频效果及键控效果组。许多看似神奇的画面效果，都是利用了多画面合成的方法来实现的。在理解其工作原理的基础上，熟练掌握这些技巧并巧妙地在实际中加以运用，对今后的影视编辑创作非常重要。这些技巧只有在创造性地综合运用时才能发挥出其强大的功能，读者在实际工作中一定要注意多实验，平时多加练习和实践才能够做到活学活用。可以选择不同的键、设置不同的参数，尝试各种合成效果，不断丰富自己的实践经验。

10.6　习题

一、简答题

1. 说出 3 种混合两个全屏素材的方法。
2. 制作抠像的视频效果可以分为哪几大类？
3. 键控效果中的图像遮罩键效果和轨道遮罩键效果有什么区别？
4. 在非红色键中，阈值、屏蔽度、去边及平滑参数各有什么作用？

二、操作题

1. 制作一个标志，并在一段素材上显示该标志的纹理。
2. 搜集素材，创作一段抠像视频作品。

第11章 使用视频效果

Premiere Pro 的视频效果是视频后期处理的重要工具，其作用和 Photoshop 中的滤镜一样。Premiere Pro 2020 提供了丰富的视频效果，通过对素材添加视频效果，能够产生各种神奇效果，如改变图像的颜色、曝光度，使图像产生模糊、变形等丰富多彩的视觉效果。添加视频效果之后，可以在【效果控件】面板中调整效果的各项参数，大多数参数都可以设置关键帧，为效果制作动画效果。一段素材可以添加多个视频效果。如果用户的计算机中安装了 After Effects Pro 软件，还可以直接调用该软件中的一些效果，这使 Premiere Pro 2020 的效果功能更加强大。

【教学目标】
- 掌握查找视频效果的方法。
- 掌握为素材添加、删除视频效果的方法。
- 掌握为效果调整参数的方法。
- 掌握为效果设置关键帧制作动画的方法。

11.1 视频效果简介

Premiere Pro 2020 提供了 140 多种视频效果，可以为素材添加视觉效果或纠正拍摄的技术错误。这些视频效果分门别类放置在【效果】面板的【视频效果】分类夹中，如图 11-1 所示。单击每个文件夹左侧的 ▶ 图标，可以将其展开，显示该类别中的视频效果，如图 11-2 所示。在 18 类特效中，键控类特效已经在第 10 章中做了具体的介绍，其余的特效都在本章介绍。

图11-1 【视频效果】面板中的效果分类

图11-2 展开的分类效果

为素材添加视频效果的方法十分简单。只要选中【效果】面板中的视频效果，将其拖曳到【时间轴】面板的一段素材上即可。在一段素材上可以应用多种效果，以创建丰富多彩的视觉效果。

为素材添加视频效果以后，选中该素材，打开【效果控件】面板，如图 11-3 所示，利用该面板可以调整效果的各项参数。大多数参数可以设置关键帧，制作效果动画。图 11-3 左侧是参数区，用于调整各项参数，创建、删除关键帧；右侧是该素材效果的时间轴区域，用于显示、移动、调节关键帧。

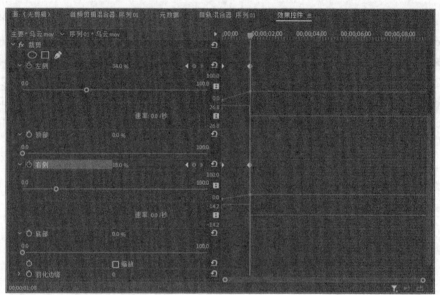

图11-3　【效果控件】面板

11.2　应用和设置视频效果

视频效果都放在【效果】面板的【视频效果】分类夹下，第 10 章讲述的各种键控，也作为视频效果的一种放在其下的【键控】分类夹中。为素材应用效果主要采用以下两种方法。

- 从【效果】面板中选择效果，将其拖到【时间轴】面板中的素材上。
- 从【效果】面板中选择效果，将其拖到【效果控件】面板中，此时面板上方显示哪个素材的名称，哪个素材就应用了效果。

删除效果时，只需在【效果控件】面板中选中要删除的效果，按 Delete 键即可。

当素材被应用了多个效果时，可以调整各个效果之间的位置关系。打开【效果控件】面板，单击效果名称并按住鼠标左键将其拖动到另一个效果名称的下方，此时另一个效果名称的下方会出现一条黑色横线，松开鼠标左键后，所选效果就被放到了新位置。效果应用顺序很重要，不同的顺序往往会产生大相径庭的效果。

与键控的参数选项和不透明度设置一样，其他效果也采用了设置关键帧的方法，使效果产生随时间变化而变化的动态效果。

11.2.1　快速查找视频效果

本例为一段素材添加闪电的视频效果，首先通过查找效果的方法，将该效果找到。

1. 启动 Premiere Pro 2020，新建项目文件 "T11"。新建序列
   "序列 01"，选择菜单命令【文件】/【导入】，定位到本
   地硬盘的 "素材\乌云.mov" 素材。

2. 将【项目】面板中的素材 "乌云.mov" 拖曳到【时间
   轴】面板的【V1】轨道，与轨道左端对齐。

3. 打开【效果】面板，在【查找】输入框中输入 "闪电"，
   此时将展开效果列表中的【生成】分类夹，显示要查找
   的【闪电】效果，如图 11-4 所示。

图11-4　查找到的效果

 要点提示　记住效果名称，使用查找效果的方法可以快速将需要的视频效果定位查出。使用查找效果后，要在
【效果】面板中通过展开分类夹的方式寻找其他效果，需要先将【查找】输入框中的文字清除。

11.2.2　添加视频效果

1. 接上例。在【时间轴】面板中选中素材，选中【效果】面板中的【闪电】效果，按住
   鼠标左键直接将该效果拖曳到素材上，如图 11-5 所示。

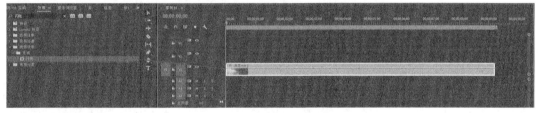

图11-5　为素材添加闪电效果

2. 为素材添加视频效果后，打开【效果控件】面板，闪电效果的各项控制参数将显示在
   面板中，如图 11-6 所示。

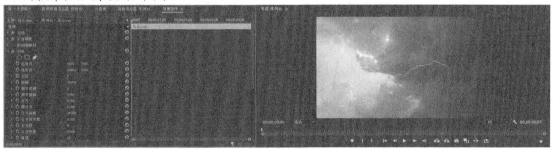

图11-6　展开【闪电】效果参数

3. 在【效果】面板中，删除【查找】输入框中的文字。展开【视频效果】/【变换】/【水
   平翻转】，按住鼠标左键直接将其拖曳到【效果控件】面板上。这是另外一种查找和添
   加效果的方法。

4. 将多个效果应用到同一段素材上，所有被添加的效果按顺序显示在【效果控件】面板
   中，如图 11-7 所示。

213

图11-7　多个效果已加入顺序显示

对添加了闪电效果之后的效果进行预览。按 $\boxed{\text{Home}}$ 键，使【时间轴】面板中的时间指针和轨道左端对齐，按空格键，或者单击【节目】监视器面板下方的 按钮，在【节目】监视器中预览添加效果后的画面效果。单击【闪电】左侧的 fx 按钮，使其变为 按钮，关闭效果显示，闪电效果消失；再次单击 按钮，激活 fx 按钮，效果恢复显示。利用 fx 工具是观察效果作用的一种好方法，通过预览对比效果添加前后的不同。当对一段素材添加了一个或多个效果，可以将其中的一个或几个效果关闭，只显示另外的效果。

 Premiere Pro 2020 在渲染效果时，总是以效果在【效果控件】面板中的排列顺序依次渲染，本例先渲染闪电效果，再渲染水平翻转效果，结果是素材的图像和镜头光晕都发生了水平翻转。如果先添加水平翻转效果，再添加闪电效果，那么只有素材的图像产生翻转。添加效果的顺序不同，最后渲染的效果也不同，添加多个视频效果时，一定要注意添加的顺序。如果要改变渲染顺序，可以在【效果控件】面板中选中该效果并向上或向下拖曳。

11.3　设置关键帧和效果参数

　　【效果控件】面板中的各项参数，不但可以调整数值和选项，大多数还可以设置关键帧，创建动画效果。下面介绍具体操作方法。

1. 接上例。在【效果控件】面板中选择【水平翻转】效果，单击鼠标右键，在弹出的快捷菜单中选择【清除】命令，将其删除，如图11-8所示。

2. 单击【节目】监视器面板下方的 按钮，将时间指针移动到素材的起始位置处。

3. 分别单击【闪电】效果【起始点】与【结束点】左侧的切换动画按钮 ，使其呈 状态显示，在右侧的时间轴区域各设置一个关键帧，将【起始点】参数坐标设置为 "607.0" "525.0"，将【结束点】参数坐标设置为 "1598.0" "310.0"。

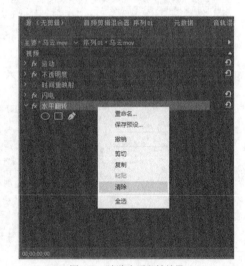

图11-8　清除水平翻转效果

4. 在【时间轴】面板中将时间指针移至 "00:00:04:14" 处，将【起始点】参数坐标设置为 "875.0" "655.0"，将【结束点】参数坐标设置为 "1717.0" "204.0"，分别在右侧的时间轴区域各增加第 2 个新的关键帧，如图 11-9 所示。

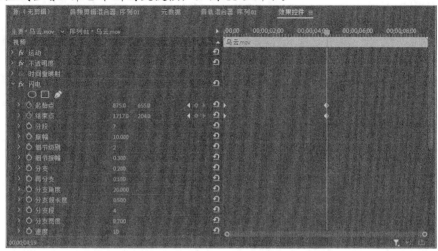

图11-9　设置关键帧参数（1）

5. 将【时间轴】面板中的时间指针移至 "00:00:09:06" 处，将【起始点】参数坐标设置为 "796.0" "707.0"，将【结束点】参数坐标设置为 "1612.0" "16.0"，分别在右侧的时间轴区域各增加第 3 个新的关键帧，如图 11-10 所示。

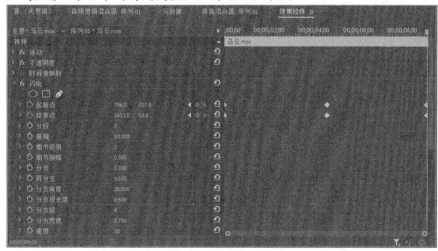

图11-10　设置关键帧参数（2）

6. 单击【节目】监视器面板下方的 按钮，将时间指针移动到素材的起始位置。按空格键，预览效果。在【节目】监视器中可以看到闪电效果，随着云的运动，闪电慢慢移动，如图 11-11 所示。

图11-11　闪电效果

11.4 小结

本章介绍了如何为一段素材添加视频效果，以及添加后如何设置关键帧制作动画效果的方法，并对【效果】面板中的大部分视频效果进行了简要介绍。通过使用视频效果，可以为影视作品添加各种丰富多彩的视觉艺术效果，必要时可为一段素材添加多个视频效果。通过学习本章，读者应该掌握各种常见效果的使用方法，并能够根据影片主题表达和视觉审美要求灵活使用各种视频效果。

11.5 习题

一、简答题

1. 为素材添加视频效果可以用哪两种方法？
2. 在哪个面板为添加的视频效果调整参数？
3. 如何为视频效果制作关键帧动画？

二、操作题

1. 利用 Alpha 发光效果为文字制作发光动画。
2. 利用马赛克效果实现两个素材之间的过渡。
3. 利用相机模糊效果实现镜头慢慢聚焦的动画效果。

第12章　视频编辑增强

在进行后期编辑时，往往会发现原始素材不完全符合影片的要求，比如，在拍摄过程中出现了技术失误，或者需要对影片颜色添加特殊创意效果，还要保证影片能够作为电视信号正常传输和播出，这就需要对原始素材进行颜色和亮度的调整。

【教学目标】
- 了解电视信号安全的标准。
- 掌握使用效果为素材进行颜色调整的方法。
- 掌握使用【Lumetri 颜色】面板对素材进行颜色调整的方法。

12.1　视听元素组合技巧

影片语言视觉元素与听觉元素是相辅相成、互相补充的。运用艺术的手法技巧将视听元素融合为有机的整体，不仅能增强影片的真实感、感染力，而且能扩大影片的艺术表现力。影片语言以视觉元素为主，视听结合。视觉元素组合的手法较之听觉元素更加复杂多变，也是视听元素组合中的关键内容。

视听元素的组合技巧是指在影片制作过程中，将各个镜头按照一定的逻辑、一定的原则组接起来，说明一个原理、叙述一件事情、阐述一个主题的"遣词造句"的基本方法。它包括单个镜头内部多种视听元素的有机结合，对不同镜头进行组接，对全片进行启承转合的连贯与分隔等技巧。

影片作为一种技术性、艺术性较强的视听作品，要求视听元素组合技巧的运用，一方面必须依据电视设备内在的技术性能和客观的技术条件，另一方面也要依据编导者的艺术追求。编导者的艺术追求是运用视听元素组合技巧的主观方面的依据，编导者在创作影片时，为了更好地表现影片的主题思想和内容，使影片诸方面更符合观众学习的生理、心理特点，总是在影片的结构形式、感情色彩、美学倾向及创作风格等方面形成某种完整统一的艺术追求。这些艺术追求贯穿于影片创作的全过程，任何创作技巧的运用都要有利于这种艺术追求的实现，而不能违背这种艺术追求。视听元素组合技巧的运用也必须以编导者的艺术追求为依据。

12.2　图像信号安全控制

在非线性编辑过程中，编辑好的影片要保证能够作为电视信号进行正常的传输和播出，然而电视信号传输和播出系统对节目质量具有一定要求，图像的亮度范围和饱和度都要符合相应的标准。制作完成的影片有可能会因为某些原因超标，使影片中的某些部分不能正常播出。

视频信号超标的原因主要有以下几点。

- 在调色过程中，由于亮度和饱和度的提高，往往会造成超标。
- 摄像机参数设置不对，或者拍摄时没有进行适当的控制。
- 使用了计算机软件生成的图像素材和动画素材，采用纯色的饱和度超标。
- 字幕与背景使用了高饱和度的颜色，比如使用纯黑或纯白的颜色。

由此可以看出，在非线性编辑过程中应随时打开矢量示波器和波形监视器对视频信号进行实时检测。

> **要点提示** 从 2015 年 6 月版 Premiere Pro CC 开始，矢量示波器和波形监视器替换为全新的【Lumetri 范围】面板。

12.3 视频示波器

我国 PAL/D 制电视技术标准对视频信号有一定的要求：全电视信号幅度的标准值是 1.0V（p-p 值），以消隐电平为零基准电平，其中同步脉冲幅度为向下的-0.3V，图像信号峰值白电平为向上 0.7V（即 100%），允许突破但不能大于 0.8V（更准确地说，亮度信号的瞬间峰值电平≤0.77V，全电视信号的最高峰值电平≤0.8V）。如果不符合这一技术标准，电视机接受调制信号后，会产生解调失真，使画面及声音出现干扰。如果图像的全电视信号波形幅度已经超出了 1.1V，或者亮度信号的幅度也超出了 1V，该图像的信号在电视信号的传输和播出过程中，有些色彩信息将不能被正确还原。超出的部分会造成白限幅，损失亮部图像细节，影响画面的层次感。在图像的亮度信号中，黑电平在 0.3V 以下，比正常标准偏低。黑电平过低时，虽可以突出图像的亮部细节，但对于暗淡的画面，会出现图像偏暗或缺少层次、彩色不清晰自然、肤色失真等现象。

监测信号波形幅度是否超标要使用 YC 波形示波器。图 12-1 所示是 Premiere Pro 自带的 YC 波形示波器，YC 波形示波器从左到右的显示，等于一帧图像从左到右的亮度分布。在垂直方向上是电视信号的电平值，单位是"伏"（V）。

Premiere Pro 自带的 YC 波形示波器与硬件示波器不同，其中消隐电平（即黑

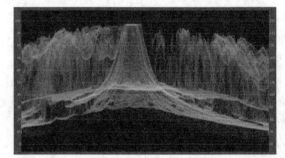

图12-1　YC 波形示波器

电平）显示为 0.3V，因此只要波形幅度保持在 1.0V 以内，最大不超过 1.1V，就符合标准。

视频信号由亮度信号和色差信号编码而成，因此对色彩饱和度也有一定要求。监测信号的色度和饱和度要采用矢量示波器，图 12-2 所示是 Premiere Pro 自带的矢量示波器与我国电视标准彩条（100/0/75/0）颜色的对应关系。在矢量示波图中，距中心的距离代表饱和度，圆心位置表明色度为 0，因此黑色、白色和灰色都在圆心处，离圆心越远，饱和度越高。沿着圆形的一周，代表色相的变化。标准彩条颜色都落在相应"口"的中心，用一个点表示。此点越小，表明其颜色越纯。如果饱和度向外超出相应"口"的中心，就表示饱和度超标，必须进行调整。对于其他颜色来讲，只要色彩饱和度不超过由这些"口"围成的区域，就无须调整。在标准彩条颜色对应"口"的外面，还有一个"口"，它们表示各个纯色

（100％的饱和度）的位置，比如纯红（R:255、G:0、B:0）会落在图 12-3 所示的"口"中，由此也可以看出，在电视后期制作中要避免使用纯色，以免超标。

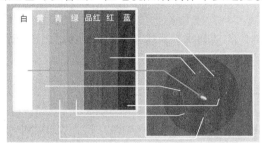

图12-2　矢量示波器与标准彩条的对应关系

图12-3　纯红对应的显示

另外，在 Premiere Pro 2020 中还有 YCbCr 检视和 RGB 检视示波器，前者分别显示亮度、Cb 色差、Cr 色差通道的信号幅度，后者分别显示红色、绿色、蓝色通道的信号幅度，它们都采用 IRE 单位。所有的示波器还能够组合显示以方便调整，图 12-4 所示就是两种组合显示，左右两图的下方分别是矢量/YC 波形/YCbCr 检视和矢量/YC 波形/RGB 检视。

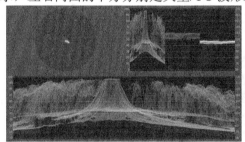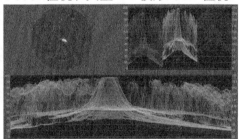

图12-4　示波器组合显示

旧版 Premiere Pro 可以在【参考】监视器、【节目】监视器或【源】监视器中分别或分组查看矢量示波器、YC 波形、YCbCr 分量及 RGB 分量示波器，从 2015 年 6 月版 Premiere Pro CC 开始，矢量示波器和波形监视器替换为全新的【Lumetri 范围】面板。在 Premiere Pro 2020 中，选择菜单命令【窗口】/【Lumetri 范围】，打开【Lumetri 范围】面板，如图 12-5 所示。在面板中单击鼠标右键，在弹出的快捷菜单中选择需要的监测器类型，如图 12-6 所示，其显示波形对应【时间轴】面板中播放头所处的帧。比较常用的是矢量示波器和波形示波器。

一般来说，常使用矢量示波器监测视频信号的饱和度是否符合标准，而使用 YC 波形示波器监测视频信号的幅度是否符合标准，下面通过实例进行介绍。

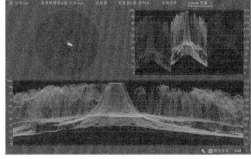

图12-5　【Lumetri 范围】面板

图12-6　选择示波器类型

12.4　校色与调色技巧

校色的目的是保证素材颜色还原正常，真实地反映所拍摄的物体；调色的目的是让素材颜色更加和谐，达到某种艺术效果。校色是调色的基础，但两者在实际应用中并没有严格的区分，往往交融在一起进行，因此下面的讲述并不刻意区分两者而统称为颜色调整。

12.4.1　一般颜色调整方法

在拍摄过程中，摄像机的白平衡没有调整好，就会产生素材偏色，这在家用 DV 摄像机上表现得特别明显。因为使用 DV 摄像机一般都采用自动白平衡调整，这样会出现一定的偏差，而且许多人往往在自动调整期间就开始拍摄。另外，由于电视的表现力及天气等原因，许多素材都存在表现层次不够、画面发灰等缺陷，因此对于高质量的节目制作，需要对这些素材进行校色处理。

使用【色阶】效果

1. 启动 Premiere Pro 2020，新建一个"T11"项目。在【项目】面板中新建"序列 01"，导入本地硬盘文件"素材\行走.mov"，从【项目】面板中将"行走.mov"拖入【时间轴】面板的【V1】轨。打开【效果】面板，在【视频效果】/【调整】分类夹下选择【色阶】效果，将其拖放到【时间轴】面板中的"行走.mov"上。

2. 打开【效果控件】面板，将时间指针移动到开始处，单击【色阶】效果名称右侧的 ➡️🔲 按钮，打开【色阶设置】对话框。

3. 在【色阶设置】对话框中，如图 12-7 所示，调整【输入色阶】参数，解决像素分布缺乏暗部、中间色调偏暗的问题。

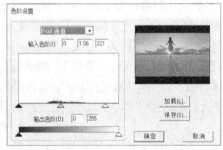

图12-7　调整【输入色阶】参数

4. 在下拉列表中选择【绿色通道】，对绿色通道单独调整，如图 12-8 所示。

图12-8　调整【绿色通道】参数

5. 在下拉列表中选择【蓝色通道】，对蓝色通道单独调整，如图 12-9 所示。

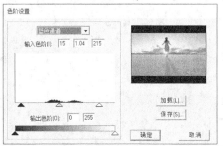

图12-9　调整【蓝色通道】参数

对绿色、蓝色通道单独调整，是为了解决画面偏红问题。

6. 单击 确定 按钮，退出【色阶设置】对话框。调整时间指针到"00:00:05:11"处，展开
【色阶】效果，分别单击已调整参数左侧的 按钮，使其呈 显示，在时间指针处相
应地增加一个关键帧，如图 12-10 所示。

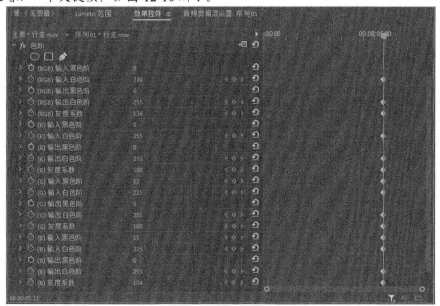

图12-10　设置第 1 个关键帧

这一时间位置是画面中阳光出现的起始位置，之后画面中的色彩会有轻微变化。

7. 在【效果控件】面板中将时间指针移动到视频素材结束处，将【（RGB）输入白色阶】
数值调为"255"、【（RGB）输出白色阶】数值调为"240"、【（RGB）灰度系数】数
值调为"120"。

8. 单击【色阶】效果名称右侧的 按钮，打开【色阶设置】对话框，分别对【绿色通
道】和【蓝色通道】参数进行调整。

9. 单击 确定 按钮，退出【色阶设置】对话框，在【效果控件】面板中就会看到新增关
键帧及其参数设置，如图 12-11 所示。

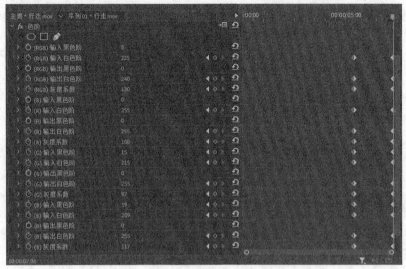

图12-11　设置第 2 个关键帧

> **要点提示**　由于素材是一个跟随运动镜头，其中由于太阳的出现使画面色调发生了轻微的变化。为了精确调整，只有设置关键帧，才能使数值产生动态变化。

10. 在【节目】监视器中从开始处播放，就可以看到调整后的图像显示效果。如图 12-12 所示，是素材调整前后的效果对比。

图12-12　效果对比

调色依据的主要标准是将素材中应该是白色的物体调成白色，白色准了，其他颜色也就还原正常了。除了应用色阶效果，还可以采用颜色平衡（HLS）等效果直观地进行颜色调整。

12.4.2　高级颜色调整方法

电视与电影相比，在色彩饱和度和颗粒细腻度上存在不小的差距，因此如何模仿或调出逼真的电影胶片效果，成为调色的重要内容。

一、设置颜色工作区

1. 新建一个"序列 02"。导入本地硬盘文件"素材\云朵.mp4"，从【项目】面板中将"云朵.mp4"拖入【时间轴】面板的【V1】轨道。

2. 选择菜单命令【窗口】/【Lumetri 颜色】，或者直接选择【工作区】板块中的【颜色】命令，此时界面变为图 12-13 所示的状态。【节目】监视器面板右方出现了【Lumetri 颜色】面板。

【Lumetri 颜色】面板提供了功能强大且易于使用的颜色工具，如曲线、色轮和滑块布局，分别布置在不同的部分中。该面板的每个部分都侧重于颜色工作流程的特定任务。

图12-13　【颜色】模式下的工作区

二、 基本颜色校正

使用【Lumetri 颜色】面板中【基本校正】标签页中的控件可以修正过暗或过亮的视频，在剪辑中调整色相（颜色或色度）和明亮度（曝光度和对比度），如图 12-14 所示。

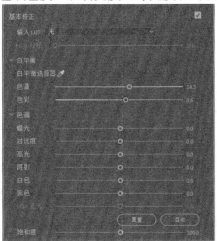

图12-14　【基本校正】标签页

1. 【输入 LUT】：Premiere Pro 提供可以应用于素材的若干预设 LUT，用户也可以选择一个已保存的自定义 LUT，如图 12-15 所示。
2. 【白平衡】：通过更改色温和色彩属性来调整白平衡，如图 12-16 所示。

图12-15　【输入 LUT】下拉列表

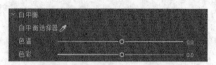

图12-16　【白平衡】设置参数

- 【白平衡选择器】：可以使用滴管工具 ，单击素材中白色或中性色的区域，系统会自动调整白平衡。由于素材画面中包含明显的白色区域，即白云，可直接用【白平衡选择器】对画面进行白平衡调整。选择【白平衡选择器】右边的 工具，单击【节目】监视器画面中白云的中间部分，画面自动进行白平衡调整。如图 12-17 所示，左图为自动调整前的效果，右图为自动调整后的效果。

图12-17　白平衡自动调整效果对比

- 使用【白平衡选择器】后，【色温】和【色彩】参数自动发生改变，如图 12-18 所示。
  【色温】：使用色温等级来微调白平衡。将滑块向左移动可使视频看起来偏冷色，向右移动则偏暖色。
  【色彩】：微调白平衡以补偿绿色或洋红色。要增加视频的绿色，就向左移动滑块（负值），要增加洋红色，就向右移动滑块（正值）。
  可在使用【白平衡选择器】后，根据画面再次分别对色温和色彩的参数进行微调。
3. 【色调】：使用不同的色调控件调整素材的色调等级，参数设置如图 12-19 所示。

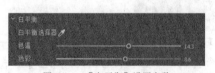

图12-18　【白平衡】设置参数

图12-19　【色调】设置参数

- 【曝光】：设置视频素材的亮度。向右移动曝光滑块可增加色调值并增强高光，向左移动滑块可减少色调值并增强阴影。
- 【对比度】：增加或减小对比度。调整对比度主要影响视频中的颜色中间调。当增加对比度时，中间到暗区变得更暗，同样，降低对比度可使中间到亮区变得更亮。

- 【高光】：调整亮域。向左移动滑块可使高光变暗，向右移动滑块可在最小化修剪的同时使高光变亮。
- 【阴影】：调整暗区。向左移动滑块可在最小化修剪的同时使阴影变暗，向右移动滑块可使阴影变亮并恢复阴影细节。
- 【白色】：调整白色修剪。向左移动滑块可减少高光中的修剪，向右移动滑块可增加对高光的修剪。
- 【黑色】：调整黑色修剪。向左移动滑块可增加黑色修剪，使更多阴影为纯黑色，向右移动滑块可减少对阴影的修剪。
- 【重置】：将所有色调控件还原为原始设置。
- 【自动】：设置整体色调等级。当选择"自动"时，Premiere Pro 会自动设置参数，以最大化色调等级并最小化高光和阴影修剪。
- 【饱和度】：均匀地调整视频中所有颜色的饱和度。向左移动滑块可降低整体饱和度，向右移动滑块可增加整体饱和度。

在此案例中，可先使用自动功能，然后在 Premiere Pro 自动设置参数后再对个别参数进行微调，如图 12-20 所示。

图12-20 【色调】参数和调整前后效果对比

三、 应用预设实现创意效果

【Lumetri 颜色】面板中的【创意】标签页提供了各种"Look"，可使用现有的预设快速调整素材的颜色，还可以创建并保存自定义 LUT，从而使其显示在此面板中以便使用，如图 12-21 所示。在应用预设之后，可以继续针对诸如自然饱和度、饱和度之类的参数进行进一步调整。

1. 【Look】：该下拉列表中包含一系列预设，应用之后可以使素材看上去像是专业拍摄的影片，如图 12-22 所示。

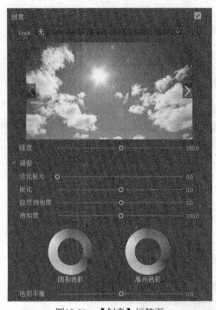

图12-21　【创意】标签页

图12-22　【Look】下拉列表

2. **【缩略图查看器】**：【Lumetri 颜色】面板提供了 Look 预设缩略图查看器。依次选择【Look】下拉列表中的预设或单击查看器左右两侧的预览箭头以查看不同的 Look 预设，然后单击图像将 Look 应用于素材，如图 12-23 所示。

图12-23　Look 预设缩略图查看器

3. **【强度】**：调整应用 Look 的强度。向右移动滑块可增加应用的 Look 效果，向左移动滑块可减少效果。

> **要点提示**　除了【Lumetri 颜色】面板，Premiere Pro 还在【效果】面板的【Lumetri 预设】中提供预设影片库和摄像机 Look。

如图 12-24 所示，为素材选择【Fuji F125 Kodak 2393（by Adobe）】Look 预设，将【强度】参数设置为"60.0"，并在此基础上对素材进一步调整，如图 12-25 所示。

图12-24　选择 Look 预设

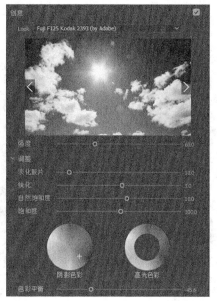

图12-25　在预设基础上进行调整

4. 【调整】：在【调整】标签页下可自定义设置各项参数。

- 【淡化胶片】：向右或向左移动滑块可应用淡化影片效果。
- 【锐化】：调整边缘清晰度，以创建更清晰的视频。向右移动滑块可增加边缘清晰度，向左移动滑块可减小边缘清晰度。边缘清晰度的增加可使视频中的细节显得更明显，因此要确保不过多地锐化边缘，过度锐化会使其看起来不自然。
- 【自然饱和度】：调整饱和度，以便在颜色接近最大饱和度时最大限度地减少修剪。该设置更改所有低饱和度颜色的饱和度，而对高饱和度颜色的影响较小。它还可以防止肤色的饱和度变得过高。
- 【饱和度】：均匀地调整剪辑中所有颜色的饱和度，调整范围为 0（单色）~ 200（饱和度加倍）。
- 【色彩轮】：使用阴影色彩轮和高光色彩轮调整阴影和高光中的色彩值，空心轮表示未应用任何内容。要应用色彩，可单击轮的中间并拖动鼠标填充各轮。
- 【色彩平衡】：平衡素材中任何多余的洋红色或绿色。

四、 使用曲线调整颜色

利用 Premiere Pro【Lumetri 颜色】面板中的曲线功能可快速和精确地调整颜色，以获得自然的外观效果，如图 12-26 所示。

【曲线】标签页中有可用于编辑颜色的两种曲线类型：RGB 曲线和色相饱和度曲线。

(1) 【RGB 曲线】：借助 RGB 曲线可以使用曲线调整亮度和色调范围，主曲线控制亮度，最初主曲线表示为一条直的白色对角线。调整主曲线的同时会调整所有 3 个 RGB 通道的值，如图 12-27 所示。下面提供了一些处理控制点的常用方法。

- 如要添加高光，可将控制点拖到线条的右上角区域；要添加阴影，可将控制点拖到左下角区域。
- 要调整不同的色调区域，可直接向曲线添加控制点。
- 如要使色调区域变亮或变暗，可向上或向下拖动控制点。要增大或减小对比度，可向左或向右拖动控制点。

- 要删除控制点，可按住 Ctrl 键并单击控制点。

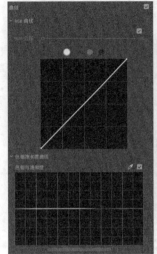
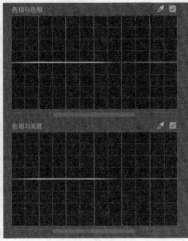
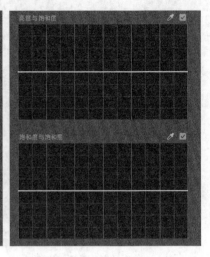

图12-26　曲线功能

(2)　【色相饱和度曲线】：可用于对剪辑进行基于不同类型曲线的颜色调整，如图 12-28 所示。

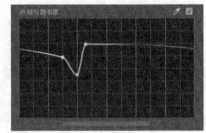

图12-27　【RGB 曲线】控制　　　　　　　　　　图12-28　【色相饱和度曲线】控制

- 【色相与饱和度】：选择色相范围并调整其饱和度。
- 【色相与色相】：选择色相范围并将其更改至另一色相。
- 【色相与亮度】：选择色相范围并调整亮度。
- 【亮度与饱和度】：选择亮度范围并调整其饱和度。
- 【饱和度与饱和度】：选择饱和度范围并提高或降低其饱和度。

在此案例中，由于画面仅为蓝天白云，色彩相对单一，因此只需通过调整 RGB 曲线添加自然对比度即可，如图 12-29 所示。使用 S 曲线用于增强对比度，使白云变得更加立体，同时天空的蓝色也会更亮一些。

图12-29　【RGB 曲线】参数和调整前后效果对比

五、　色轮的三向颜色校正

使用 Premiere Pro【Lumetri 颜色】面板中的色轮可以对镜头进行细微的颜色校正，还可以快速匹配不同镜头之间的颜色，以使视频的总体外观保持一致，如图 12-30 所示。

使用色轮可以仅对镜头的阴暗或光亮区域进行颜色调整。Premiere Pro 提供了三种色轮分别用于调整中间色、阴影和高光。使用三向颜色校正，可以单独调整阴影、中间色和高光的亮度、色相和饱和度。可调整阴影或高光细节，在亮度不适宜的剪辑中使区域变亮或变暗。可以隔离需要校正的区域并应用这些调整。可以使用中间调色轮调整剪辑的总体对比度。

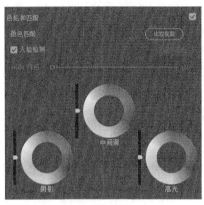

图12-30　色轮

除了使用色轮外，也可使用附带的滑块进行这些调整。

由于本案例无须进行相关参数设置，因此这里只做介绍而不进行应用。读者可在其他视频素材案例中尝试进行参数调整并观察其效果。

(1)　【比较视图】：单击【比较视图】█▊按钮可以选择并显示参考帧，对比镜头之间的颜色，如图 12-31 所示。通过滑块条、时间码或箭头在编辑点之间跳转选择参考位置。只需将播放指示器放置在所需素材上，即可选择目标位置。设置了参考位置和目标位置后，即可调整【比较视图】显示所需的内容，选择"并排"或"垂直/水平"分割显示。在分割显示模式下，可以拖动分割的位置，以查看屏幕的特定区域。

图12-31　比较视图

(2)　【人脸检测】：默认启用【人脸检测】，如果在参考帧或当前帧中检测到人脸，将自动侧重匹配面部颜色。此功能可提高皮肤颜色匹配质量，在背景颜色分散的情况下表现尤为突出。如果要均衡评估整体帧，则可禁用此功能。

(3)　【应用匹配】：Premiere Pro 中使用【色轮】和【饱和度】控件自动应用 Lumetri 设置，匹配当前帧与参考帧的颜色。

(4)　【HDR 白色】：设置一个大于 100 的白点范围（与 HDR 兼容）。

六、　HSL 辅助

HSL 辅助通常在完成主要颜色校正后使用，其目标是精确控制某个特定颜色，而不是整个图像。例如，当整体色相饱和度曲线达到限制时，对单个颜色的控制十分有用，【HSL 辅助】标签页如图 12-32 所示。

本案例无须进行相关参数设置，在此只做简单介绍而不进行实际应用。读者可在其他视频素材案例中尝试进行相关参数调整并观察其效果。

七、　创建晕影

应用晕影可在画面边缘制作逐渐淡出、中心处明亮的效果。晕影是一种吸引观众关注帧中特定主题（如人物或风景）的微妙方法，其标签页如图 12-33 所示。

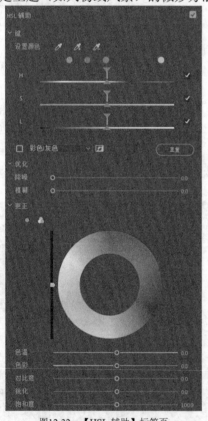

图12-32　【HSL 辅助】标签页

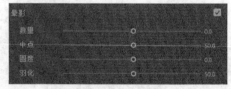

图12-33　【晕影】标签页

(1)　【数量】：沿图像边缘设置变亮或变暗量，这样可添加一个环绕帧的晕影。

(2)　【中点】：受【数量】参数影响区域的宽度。

(3)　【圆度】：指定晕影的大小（圆度）。负值可产生夸张的晕影效果，正值可产生较不明显的晕影。

(4)　【羽化】：定义晕影的边缘。值越小，边缘越细越清晰；值越大，边缘越厚越柔和。

在本案例中，可为画面添加晕影效果，参数设置及效果对比如图 12-34 所示。

图12-34 【晕影】参数和调整前后效果对比

此时对素材"云朵.mp4"的颜色调整已经完成。在本实例中，通过【Lumetri 颜色】面板对素材进行颜色调整并将素材的四周压暗添加晕影效果，这样可使整个画面更加柔和生动，主体也更加突出，这一技巧在模仿电影胶片效果时非常有用。调整前后的画面对比如图 12-35 所示。

图12-35 颜色调整前后效果对比

12.5 小结

本章主要讲解了有关调色的重点、难点内容，这对于读者充实实践技能、开拓创作思路很有帮助。Premiere Pro 的颜色调整功能并不复杂，它能够增强画面质感，提升画面质量，因此读者在实践中应该对颜色调整的方式、方法加以重视，并注意实践。虽然 Premiere Pro 2020 提供了丰富多彩的"Look"预设，但不要让它束缚手脚，应在使用预设的基础上进一步细微调整，要勇于探索创新，切忌千篇一律。

12.6 习题

一、 简答题

1. 使用哪些效果可以提高素材的对比度？
2. 如何将一个素材调整为蓝色调？
3. 示波器的作用是什么？
4. 【Lumetri 颜色】面板中包含哪些标签页？分别可进行什么样的参数设置？

二、 操作题

1. 利用视频效果为一个发生蓝色色偏的素材进行色彩校正。
2. 利用【Lumetri 颜色】面板增加一个素材的饱和度。
3. 利用【Lumetri 颜色】面板为一个素材添加晕影。

第13章　导出影片

在编辑影片的过程中，经常要播放影片的部分或全部内容，以观看编辑效果，这就是预览。预览的目的主要是查看各素材的组接是否合理，赋予素材的运动、效果、过渡等特效是否成功等。当影片通过预览检查满意后，就可以针对相应的用途生成影片，然后发布到合适的媒介中。导出影片是影视制作过程中的最后一个环节，Premiere Pro 2020 提供了多种导出方式。导出时首先要确定导出的内容（单帧、素材或整个序列），然后选择导出方式（媒体或 DVD）。利用 Adobe Media Encoder 提供的各种视频编码方式，可以根据应用终端选择多种导出方式。

【教学目标】

- 了解各种导出选项。
- 掌握将序列制作单帧的方法。
- 掌握影片的导出设置方法。
- 掌握如何导出音频。
- 熟悉 Adobe Media Encoder 的使用方法。

13.1　预览方式

预览是视频编辑过程中对编辑效果进行检查的重要手段，也属于编辑工作的一部分，主要分实时预览和生成预览两种方式。

13.1.1　实时预览

实时预览是指不需要等待时间，直接按项目文件的初始设定看到影片编辑效果的方式。Premiere Pro 2020 的实时预览支持过渡、叠加、效果、运动及字幕等所有的设置处理，实时预览质量的高低依赖以下两个方面。

(1) 影片处理的复杂程度。当影片仅是单轨的视频和音频素材，并且使用视频过渡没有其他的设置处理时，实时预览能够以项目设定的帧率播放高质量的画面。如果影片中使用的视频效果、视频过渡等比较多，实时预览会自动降低帧率或画面质量。

(2) 计算机的配置。计算机的配置越高，计算速度越快，实时预览的质量就越高。

在【时间轴】面板中按空格键，或者在影片视窗中单击▶按钮，都可以从时间指针的位置开始实时预览。

13.1.2　生成预览

与实时预览不同的是，生成预览不是使用显卡对画面进行实时预览，而是靠计算机的

CPU 运算能力。当使用实时预览无法看到满意的效果时，就可以使用生成预览。生成预览要先生成相应的预览文件，然后播放，在【时间轴】面板中会将需要生成预览的区域用黄色线段标明。需要生成预览文件的区域一般是在影片中应用了运动、视频效果、视频过渡及视频合成等部分。预览文件不一定是一个，有几条黄色线段就会生成几个预览文件。如图 13-1所示，【时间轴】面板中的黄色线段标明了相应的区域。

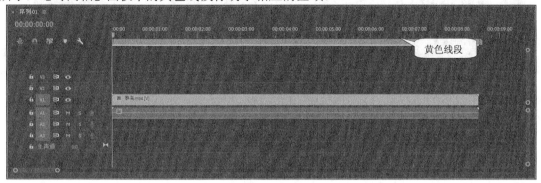

图13-1　【时间轴】面板中的黄色线段

选择菜单命令【序列】/【渲染工作区域内的效果】，就可以生成预览文件，预览文件生成后，接着开始播放。如果对影片没有做进一步的调整，仅第 1 次预览需要生成时间，以后相同区域的预览直接使用已有的预览文件立即播放。预览文件的存放位置可以选择菜单命令【文件】/【项目设置】/【暂存盘】，在弹出的窗口中进行更改，每个项目的预览文件都放在各自的文件夹下，如果项目文件名称是"T13.prproj"，那么相应的预览文件夹名称就是"T13.PRV"。使用生成预览要注意以下 4 点。

(1)　如果生成预览文件后没有对项目文件进行再次存储，那么关闭该项目文件后，所生成的预览文件会被删除。

(2)　删除预览文件应该使用菜单命令【序列】/【删除渲染文件】，不要通过操作系统的资源管理器进行删除，否则打开项目文件时，会提示确认预览文件的位置。

(3)　如果影片要回录到 DV 录像带，应该保留预览文件，这样回录时就可以避免再次生成，以节省时间。

(4)　预览文件夹不要随便移动，否则打开项目文件时，同样会提示确定预览文件的位置。

13.1.3　设置预览范围

预览影片可以仅在设定的预览范围内进行，因为在编辑过程中有时只需要查看影片的某个特定部分，只需要局部预览。在【时间轴】面板中，工作区域条决定预览范围，一般情况下工作区域条的长度与影片时间的长度对应，如图 13-2 所示。

可使用下列方法调整工作区域条。

- 单独拖动工作区域条左端▐或右端▐，以指定工作区域的开始及结束位置。
- 拖动工作区域条的中间部分▒，使其整体移动，覆盖需要预览的素材范围。
- 按 Alt+[组合键，当前时间指针位置被确定为工作区域的开始位置。按 Alt+] 组合键，当前时间指针位置被确定为工作区域的结束位置。
- 在工作区域条内双击，工作区域条会完全覆盖整个影片及影片前面的空白区域。

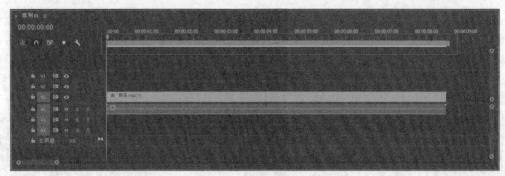

图13-2　工作区域条

13.1.4　生成影片预览

生成预览的画面是平滑的，不会产生停顿或跳跃，所表现出来的画面效果和渲染导出的效果完全一致。生成影片预览的具体操作步骤如下。

1. 影片编辑制作完成后，在【时间轴】面板中通过设置入点和出点，以确定要生成影片预览的范围。

2. 选择菜单命令【序列】/【渲染入点到出点】，或者按 Enter 键，系统将开始进行渲染，并弹出【渲染】对话框，显示渲染进度，如图 13-3 所示。

3. 单击对话框中【渲染详细信息】选项前面的 按钮，展开此区域，可以查看渲染开始时间/已用时间、可用磁盘空间等信息，如图 13-4 所示。

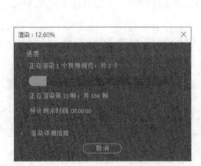

图13-3　【渲染】对话框

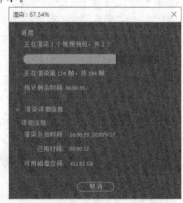

图13-4　【渲染详细信息】区域

4. 渲染结束后，系统会自动播放该片段，预览文件生成后相应的红色线段就会变成绿色，如图 13-5 所示。

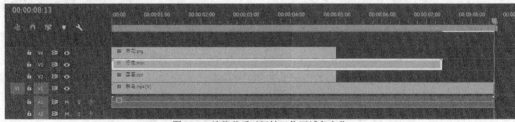

图13-5　渲染前后时间轴工作区域条变化

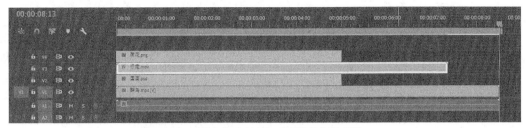

图13-5　渲染前后时间轴工作区域条变化（续）

13.2　影片的导出

可以采用适合进一步编辑或适合观众查看的形式从序列中导出视频。Premiere Pro 2020 支持采用适合各种用途和目标设备的格式导出。

（1）导出文件以做进一步编辑。

可以导出可编辑的影片或音频文件，然后对已完成全部渲染的作品进行预览，还可以继续在 Premiere 以外的其他应用程序中编辑文件。同样，可以导出静止图像序列，也可以从视频的单个帧中导出静止图像，以用于标题或图形中。

（2）在编辑 P2 MXF 资源之后，可以将序列重新导回 P2 MXF 格式，可以继续在其他可编辑 MXF 的编辑系统中编辑所生成的 MXF 文件。

（3）Premiere Pro 2020 支持直接导出和 Adobe Media Encoder 导出，直接导出会直接从 Premiere Pro 2020 生成新文件。Adobe Media Encoder 导出会将文件发送到 Adobe Media Encoder 进行渲染。可以从 Adobe Media Encoder 选择是立即渲染资源还是要将资源添加到渲染序列中。

（4）导出到磁带。

可以使用支持的摄像机或 VTR 将序列或素材导出到录像带。此类型的导出适用于存档母带，或者提供粗剪以供从 VTR 中进行筛选。

（5）发送到 Encore 以创建 DVD、蓝光光盘或 SWF 文件。

可以将任意序列中的视频发送到 Adobe Media Encoder，以输出到 DVD、蓝光光盘（仅限 Windows）或 SWF 文件。在 Premiere 或 Encoder 的时间轴中所做的更改将通过 Adobe Dynamic Link 反映在另一方中。可以将来自 Premiere 的内容发送到 Encoder，以创建无菜单的"自动播放"光盘；可以使用 Encoder 中的专业模板快速创建菜单式光盘，最后可以使用 Adobe Media Encoder、Adobe Photoshop 和其他应用程序的深入创作工具来创作专业品质的光盘。导出时也可以采用适于 CD-ROM 分发的格式。

（6）导出其他系统的项目文件，可以将项目文件（而不仅仅是素材）导出到标准 EDL 文件；可以将 EDL 文件导入各种第三方编辑系统进行最终编辑；可以将 Premiere 项目修剪到其最基本的环节，然后准备好项目（带或不带其源媒体）进行存档。

（7）适合各种设备和网站的导出格式。

（8）使用 Adobe Media Encoder 可以采用适合各种设备（包括专业磁带机、DVD 播放器、视频共享网站、移动电话、便携式媒体播放器及标准和高清电视机）的格式导出视频。

（9）Adobe Media Encoder 是一款独立的编码应用程序，当在【导出设置】对话框中指定导出设置并单击 导出 按钮时，Premiere Pro 2020 会将导出请求发送到 Adobe Media

Encoder。

(10) 在【导出设置】对话框中单击 队列 按钮，即可将 Premiere Pro 序列发送到独立的 Adobe Media Encoder 队列中。在此队列中，可以将序列编码为一种或多种格式，或者利用其他功能。

当独立的 Adobe Media Encoder 在后台执行渲染和导出时，可以继续在 Premiere Pro 2020 中工作。Adobe Media Encoder 会对队列中每个序列的最近保存的版本进行编码。

一、　导出视频和音频文件的工作流程

(1)　执行操作方法一。

- 在【时间轴】面板或【节目】监视器中选择序列。
- 在【项目】面板、【源】监视器或素材箱中选择素材。

(2)　执行操作方法二。

- 选择菜单命令【文件】/【导出】/【媒体】，打开【导出设置】对话框。
- 选择菜单命令【文件】/【导出】，然后从菜单中选择【媒体】以外的其他选项。

(3)　在【导出设置】对话框中指定要导出的序列或素材的"源范围"，拖动工作区域栏上的手柄，然后单击 和 按钮。

(4)　要裁剪图像，就在【源】标签页中单击 按钮指定裁剪选项。

(5)　选择所需的导出文件格式。

(6)　选择适合的目标回放方式、效果和发布的预设。

要自动从 Premiere Pro 2020 序列中导出与该序列设置完全匹配的文件，就要在【导出设置】标签页中选择【与序列设置匹配】选项。

(1)　要自定义导出选项，须单击某一选项卡（如"视频""音频"）并指定相应的选项。

(2)　执行以下操作。

- 单击 队列 按钮，Adobe Media Encoder 打开，且编码作业已添加到其队列中。
- 单击 导出 按钮，Adobe Media Encoder 会立即渲染和导出相应项目。

默认情况下，Adobe Media Encoder 将导出的文件保存在源文件所在的文件夹中，Adobe Media Encoder 会将指定格式的扩展名附加到文件名末尾，可以为各种类型的导出文件指定监视文件夹。

要点提示 不能将影片导出为 HDV 格式文件，但是可以将影片导出为高清 MPEG-2 格式文件，此外，还可以直接将 HDV 序列导出到 HDV 设备的磁带中（仅限 Windows）。

二、　导出所支持的文件格式

要使用 Adobe Media Encoder 导出文件，须在【导出设置】对话框中选择导出格式。所选格式将确定可使用的预设选项，选择符合输出目标的格式。

Adobe Media Encoder 既用作单机版应用程序，又用作 Premiere Pro、After Effects、Prelude 和 Flash Professional 的组件。Adobe Media Encoder 可以导出的格式取决于安装的是哪个应用程序。

某些文件扩展名（如 MOV、AVI 和 MXF）是指容器文件格式，而不是特定的音频、视频或图像数据格式。容器文件可以包含使用各种压缩和编码方案编码的数据。Adobe Media Encoder 可以为这些容器文件的视频和音频数据编码，具体取决于安装了哪些编解码器（明确讲是编码器）。许多编解码器必须安装在操作系统中，并作为 QuickTime 或 Video for

Windows 格式中的一个组件来使用。

13.2.1 影片导出的设置

影片导出的设置包括选择文件类型、相应的编码解码器，设置分辨率和帧率等，主要目的是压缩生成文件的容量，以满足发布媒介的要求。影片导出类型如图 13-6 所示。比如光盘中的视频，如果按倍速光驱的数据传输率限制，导出文件的数据传输率就不应该超过 200KB/s。对于光盘中的视频，其数据传输率不超过 400KB/s 即可。

图13-6 影片导出类型

下面对影片导出中需要设置的参数、选项进行介绍。

- 【媒体】：将编辑好的项目输出为指定格式的媒体文件，包括图像、音频、视频等。
- 【字幕】：在项目窗口中选择创建的字幕剪辑，将其输入为字幕文件（＊.prtl），可以在编辑其他项目时导入使用。
- 【磁带】：将项目文件直接渲染输出到磁带。需要先连接相应的 DV/HDV 等外部设备。
- 【EDL】：将项目文件中的视频、音频输出为编辑菜单。编辑决策列表，是一个表格形式的列表，由时间码值形式的电影剪辑数据组成。EDL 是在编辑时由很多编辑系统自动生成的，并可保存到磁盘中。
- 【OMF】：输出带有音频的 OMF 格式文件，使用 OMF 可以简化 Oracle 数据库管理。
- 【AAF】：输入 AAF 格式文件。AAF 比 EDL 包含更多的编辑数据，方便进行跨平台编辑。
- 【Final Cut Pro XML】：输出为 Apple Final Cut Pro（苹果计算机系统中的一款影视编辑软件）中可读取的 XML 格式。

导出整个影片的操作如下。

1. 打开"T12.prproj"项目文件，选择菜单命令【文件】/【导出】/【媒体】，打开【导出设置】对话框，如图 13-7 所示。

【导出设置】对话框的右边部分为【导出设置】相关参数设置区，左边部分为预览区，可选择【输出】标签页和【源】标签页。

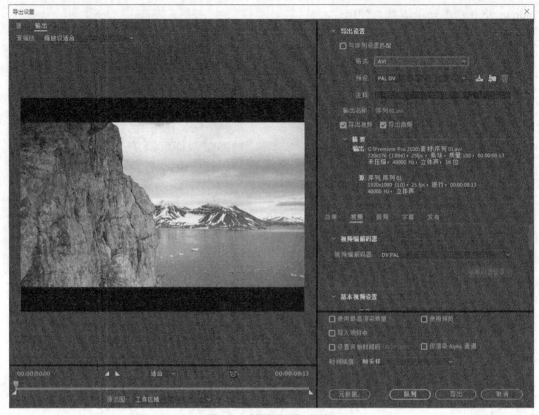

图13-7　【导出设置】对话框

- 在【输出】标签页中可通过设置【源缩放】，调整输出帧的源图像大小，如图 13-8 所示。
- 在【源】标签页中可通过 工具对输出视频进行裁剪。
- 通过【源范围】选项选择导出范围，如图 13-9 所示。如果在【时间轴】面板或【节目】监视器中选中序列，可以选择是导出整个序列、序列切入/序列切出，还是与工作区域相对应的序列或自定义；如果在【源】监视器视图中选中素材，可以选择是导出整个素材、素材切入点/素材切出点之间的部分或自定义。

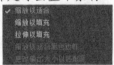

图13-8　【源缩放】下拉列表

图13-9　【源范围】下拉列表

在【导出设置】相关参数设置区中可以选择【格式】下拉列表中需要的文件格式，以满足不同的媒体格式导出需要，其选项介绍如下。

- 如果要导出为基于 Windows 操作平台的数字影片，就选择【AVI】选项。
- 如果要导出为基于 Mac OS 操作平台的数字影片，就选择【QuickTime】选项。
- 如果要导出 GIF 动画，就选择【动画 GIF】选项，即导出的文件连续存储了视频的每一帧，这种格式支持在网页上以动画形式显示，但不支持声音播放。
- 选择【BMP】【GIF】【JPEG】【Targa】【TIFF】类型，可以导出单帧静态序列文件。通过导出序列，可以将作品导出为一组带有序列号的序列图片。这些文

件从 01 开始顺序计数，并将号码添加到文件名中，如"序列 01.tga""序列
02.tga""序列 03.tga"等。导出序列图片后，可以在 Photoshop 等其他图形图像
处理软件中编辑序列图片，然后再导入 Premiere 中进行编辑。

- 选择【Windows Media】【波形音频】类型，可以导出为 WAV 格式的影片声
音文件。

选定格式之后，相应的预设会随之发生改变。在【预设】下拉列表中选择合适的输出视
频预设，如图 13-10 所示。

完成基本的格式和预设选择后，对导出媒体进行进一步的基本设置，如图 13-11 所示。
其主要选项介绍如下。

图13-10　【预设】下拉列表　　　　　　　　　　图13-11　其他基本设置

- 【输出名称】：输入文件名称，选择保存路径。
- 【导出视频】：勾选该复选框，导出视频轨道，否则不导出。
- 【导出音频】：勾选该复选框，导出音频轨道，否则不导出。
- 【使用最高渲染质量】：可使所渲染素材和序列中的运动质量达到最佳效果。
- 【使用预览】：预览文件包含 Premiere 在预览期间处理的任何效果的结果。
完全处理完项目之后，须删除预览文件以节省磁盘空间。
- 【时间插值】：当输入帧速率与输出帧速率不符时，可混合相邻的帧以生成
更平滑的运动效果，提高动作的流畅度。

【视频】参数面板如图 13-12 所示，该面板中常用选项及参数的功能介绍如下。

图13-12　【视频】参数面板

- 【视频编解码器】：从下拉列表中可以选择合适的编解码器，如图 13-13 所示。
- 【品质】：设置画面的质量，质量越高，文件越大。
- 【宽度】/【高度】：指定导出视频文件的图像尺寸，也就是分辨率。
- 【帧速率】：也就是每秒钟播放的帧数。帧速率越大，视频中的动作越平
滑，但需要的磁盘空间越大且渲染时间越长。
- 【场序】：为导出的视频选择场，若选择【无场】，则逐行扫描，适用于计
算机显示动画；当导出为 NTSC 制式或 PAL 制式时，应选择【上场优先】或

【下场优先】。

- 【长宽比】：设置像素长宽比，该值决定了像素的形状，须根据用途的不同加以选择，如图 13-14 所示。

图13-13 【视频编解码器】下拉列表

图13-14 【长宽比】类型

- 【深度】：选择颜色深度。有些编码解码器可以选择生成文件的颜色深度，有些则不能。
- 【关键帧】：关键帧是插入视频素材的连续间隔中的完整视频帧（或图像）。关键帧之间的帧包含关键帧之间所发生变化的信息。
- 【优化静止图像】：优化静止图像的显示，以减小文件大小。如把一个持续时间 1 秒的图像加入每秒 25 帧的影片中，将会产生一个 1 秒的帧来替代过去的 25 帧。

2. 切换到【音频】选项卡，打开【音频】参数面板，如图 13-15 所示。该面板中的选项及参数介绍如下。

- 【音频编解码器】：用于设置导出文件音频的编解码器，不同的导出格式对应不同的编解码器，如图 13-16 所示。

图13-15 【音频】参数面板

图13-16 【音频编解码器】类型

- 【采样率】：设置音频使用的采样率，如图 13-17 所示。采样率越高，影片文件的质量越好，需要的磁盘空间也越大，但超出原始采样率对提高质量没有意义。
- 【声道】：用于设置导出的文件中包含的声道类型，如图 13-18 所示。

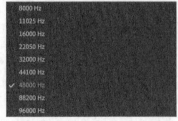

图13-17 采样率

图13-18 【声道】类型

- 【样本大小】：用于设置音频的位深度，如图 13-19 所示。高的位深度可以增加音频采样的属性，增加动态范围，减少声音失真。

- 【音频交错】：用于设置导出的文件中音频数据插入视频帧的频率。数值越大，播放时读取音频数据的频率就越高，占用的内存就越多。

3. 设置结束后，单击 导出 按钮，系统将弹出【编码】渲染进度条，如图 13-20 所示。在生成过程中单击 取消 按钮，会取消生成。

图13-19　【样本大小】类型

图13-20　【编码】渲染进度条

如果只需要导出音频，就在【导出设置】对话框中取消勾选【导出视频】复选框。

【导出设置】对话框中的许多设置选项与建立项目文件时进行的设置含义完全一样，不过前者决定影片的最终生成，而后者决定影片的预览，也就是【时间轴】面板的设置，这是两者的区别所在。

用于电视播放的视频，在生成影片文件时往往要涉及视频卡，由于视频卡的种类繁多、情况各异，详情可以参看有关视频卡的说明书。

13.2.2　Web 和移动设备导出

利用 Premiere Pro 2020 可以轻松地创建能导出到 Web 或移动设备的视频。单击序列并选择菜单命令【文件】/【导出】/【媒体】，在【导出设置】对话框中可选择合适的文件格式、帧大小、比特率或自带的预设，以便缩短上载时间并提升回放品质。

视频信号要在网络上播放，必须采用压缩技术使视频信号的容量大幅减小。目前网络视频可分为可下载的视频、流视频及渐进下载视频 3 种。

Premiere Pro 2020 主要通过内置的 Adobe Media 插件来生成网络视频，有 MPEG、QuickTime、RealMedia 和 Windows Media 这 4 种格式。

- MPEG（Motion Pictures Experts Group）是专门用来处理运动图像的标准，其核心是处理帧间冗余，以大幅度压缩数据。它有不同的压缩编码标准，像 DVD 采用的是 MPEG-2，许多网上视频采用的是 MPEG-4。
- QuickTime 格式生成的是*.mov 的文件，可以用 QuickTime Player 播放。它的跨平台、存储空间要求小等技术特点得到业界的广泛认可，目前已成为数字媒体软件技术领域事实上的工业标准。
- RealMedia 格式生成的是 "*.rmvb" 文件，可以用 RealPlayer 来播放。该格式提供了精确的导出控制，进而提供了更大的灵活性。Real Media 文件（包括 Real Video 和 Real Audio）可以包括一些相关的文字信息，如关键字、版权、注释等。
- Windows Media 格式生成的是 "*.wma"（音频）和 "*.wmv"（视频）文件，产生用 Windows 媒体播放器和其他工具重现的高质量高带宽的视频，可以充分利用其范围比较广的格式化选项为视频文件的生成提供精确的导出控制。

在 Premiere Pro 2020 中生成网络视频比较容易，虽然有许多参数需要设置调整，但因为它提供了大量的模板供用户选择，用户只要根据自己的需求进行选择即可。选择菜单命令【文件】/【导出】/【媒体】，打开【导出设置】对话框，在【格式】下拉列表中选择【Windows Media】选项，在【视频编解码器】下拉列表中选择【Windows Media Video 9】选项，如图 13-21 所示。

图13-21 【导出设置】对话框

所要生成的文件选择的格式不同、模板不同，【导出设置】对话框中出现参数设置的选项会有所变化，但含义大同小异。许多模板会同时出现多个客户端网络带宽，这是由于采用了自适应流技术，以便将视频、音频生成多种带宽的数据流，并放到相应的服务器上，下载时根据客户端不同的带宽，提供与之相匹配的数据流，实现流畅播出。还有一些模板支持VBR（Variable Bit Rate）动态码率，可以动态地分配带宽，以尽可能小的文件获得最好的播放效果，并能在解压缩时获得平滑流畅的画面。

13.2.3 导出到 DVD 或蓝光光盘

可将序列或序列的各个部分导出为便于创作和刻录至 DVD 和蓝光光盘的文件格式。

当从【导出设置】对话框导出用于创建 DVD 或蓝光光盘的文件时，应选择适合目标媒体的格式。对于单层或双层 DVD，选择 MPEG2-DVD。对于单层或双层蓝光光盘，选择 MPEG2蓝光或 H.264 蓝光。根据目标媒体上的可用空间和目标观众的需求选择给定格式的预设。

13.3 常用的编解码器

在生成影片时，需要选择一种合适的视频、音频编解码器，以 AVI 格式为例，如图 13-22 所示。除了 Premier Pro 自带的编解码器外，安装一些播放软件或安装视频卡驱动程序后，也会在 Premiere Pro 2020 中出现相应的编解码器。

图13-22 AVI 格式编解码器

13.3.1 视频编解码器

生成影片时，在【格式】下拉列表中选择【AVI】格式，在【视频】设置的【视频编码解码器】下拉列表中有以下选项可供选择。

- 【DV (24p Advanced)】：是电影模式的编解码器，电影的帧速率就是 24 帧/秒。
- 【DV NTSC】：适用于北美、日本等国家和地区电视制式的编解码器。
- 【DV PAL】：适用于中国、欧洲等国家和地区电视制式的编解码器。
- 【Intel IYUV 编码解码器】：常见的视频编解码器，使用该方法所得的图像质量极好，因为此方式是将普通的 RGB 色彩模式变为更加紧凑的 YUV 色彩模式。如果想将 AVI 压缩成 MPEG-1，用它得到的效果比较理想，只是它生成的文件太大了。
- 【Microsoft RLE】：适于压缩颜色不多且比较均匀的视频，如卡通动画。它使用 256 种颜色，在 100%的质量设置下几乎没有质量损失。
- 【Microsoft Video 1】：适于压缩模拟视频，这是一种有损的、空间压缩的编解码器。
- 【Uncompressed UYVY 422 8bit】：未压缩的 Microsoft AVI 格式支持此编解码器，以 YUV 4:2:2 进行高清编码。
- 【V210 10-bit YUV】：未压缩的 Microsoft AVI 格式支持此编解码器，在分量 YCbCr 中以 10 位 4:2:2 进行高清编码。
- 【None】：使用该选项时不进行压缩，因此可以得到极好的图像质量，数据可以在以后压缩，其弊端为占用大量磁盘空间，并且视频不能被实时回放。

选择某些编解码器后，单击其右侧的 编解码器设置 按钮会打开相应的编解码器设置窗口，在设置窗口中可以对编解码器的压缩设置进行调整。

13.3.2 音频编解码器

生成影片时，在【格式】中选择【波形音频】，在【音频】设置的【音频编码解码器】下拉列表中主要有下列常用的音频编解码器可供选择，如图 13-23 所示。

图13-23 格式类型

- 【未压缩】：采用非压缩方式进行处理，因此可以得到极好的声音质量，其弊端为占用大量磁盘空间。
- 【IMA ADPCM】：是由 Interactive Multimedia Association（IMA）开发的关于 ADPCM 的一种实现方案，适于压缩交叉平台中使用的多媒体声音。

- 　　【Microsoft ADPCM】：是 Microsoft 关于自适应差分脉冲编码调制（ADPCM）的一种实现，是能存储 CD 质量音频的常用数字化音频格式。

　　另外，Microsoft AVI 所用的音频编解码器，也都包括在上述音频编解码器中。

- 　　【CCITT A-Law】/【CCITT u-Law】：适于压缩语音，用于国际电话。
- 　　【GSM 6.10】：适于压缩语音，在欧洲用于移动电话通信。

13.3.3　导出图像文件

　　在导出影片时会发现【格式】下拉列表中有 BMP、JPEG、Targa、TIFF 等图像文件的格式可以选择。选择这些图像文件格式后，会将影片以图像序列文件的形式生成，以便与其他软件相互交流。比如生成 "*.tga" 序列文件，然后在 3ds Max 中作为动态贴图。

　　对于影片中的某一帧，也可以通过单击【源】监视器或【节目】监视器下方的 ▣ 按钮，单独生成一个图像文件。

1. 在 "T12.prproj" 项目文件中选择一个序列，在【时间轴】面板中将时间指针调整到一个合适位置。

 导出单帧图像时，最关键的是时间指针的定位，它决定了单帧导出时的图像内容。

2. 单击【节目】监视器下方的 ▣ 按钮，打开【导出帧】对话框，如图 13-24 所示。

图13-24　【导出帧】对话框

3. 在【格式】下拉列表中选择所需要的静态图像格式，单击 确定 按钮退出对话框，就会生成一个图像文件。

4. 也可以选择菜单命令【文件】/【导出】/【媒体】，打开【导出设置】对话框，在【格式】下拉列表中选择【TIFF】，在【导出名称】文本框中输入文件名并设置文件的保存路径，勾选【导出视频】复选框，在【视频】标签页下取消勾选【导出为序列】复选框，其他参数保持不变，如图 13-25 所示。

5. 单击 导出 按钮，也可以渲染导出视频静帧图像文件。

【导出为序列】复选框为选择状态时，可以将视频导出为静态图片序列，也就是将视频画面每一帧都导出为一张静态图片，这一系列图片中每张都具有一个自动编号。这些导出的序列图片可用于 3D 软件中的动态贴图，并且可以移动和存储。

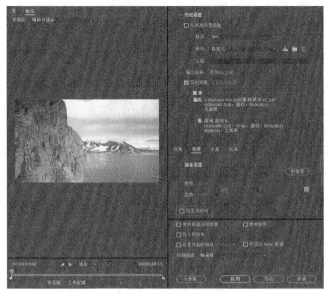

图13-25　【导出设置】对话框

13.3.4　导出音频文件

Premiere Pro 2020 可以将影片中的一段声音或影片中的背景音乐制作成音频文件。导出音频文件的具体操作步骤如下。

1. 选择菜单命令【文件】/【导出】/【媒体】，打开【导出设置】对话框，在【格式】下拉列表中选择【MP3】，在【预设】下拉列表中选择【MP3 128kbps】，在【输出名称】文本框中输入文件名并设置文件的保存路径，勾选【导出音频】复选框，其他参数保持不变，如图 13-26 所示。

图13-26　【导出设置】对话框

2.　单击 导出 按钮，即可渲染出音频文件。

13.4　导入/导出字幕

可以将字幕从 Premiere Pro 2020 中导出到文件，以在另一个 Premiere Pro 项目中使用。也可以将从一个 Premiere Pro 项目导出的字幕导入到另一个项目中。

1.　在【项目】面板中选择要导出作为字幕的序列。

2.　选择菜单命令【文件】/【导出】/【字幕】，打开【字幕设置】对话框，如图 13-27 所示。选择要导出的文件格式，单击 确定 按钮。

3.　打开【另存为】对话框，如图 13-28 所示，单击 保存(S) 按钮，退出对话框。

图13-27　【字幕设置】对话框　　　　　　　　　　　图13-28　【另存为】对话框

4.　如需导入字幕文件，就选择菜单命令【文件】/【导入】，打开【导入】对话框，如图 13-29 所示。

图13-29　【导入】对话框

5.　定位并选择所需字幕文件，然后单击 打开(O) 按钮，将所需字幕文件导入【项目】面板中。

13.5 导出 EDL

可以通过导出数据文件来描述项目并使用相关媒体或其他编辑系统重新创建该项目。可以通过 Premiere Pro 将项目导出为 CMX 3600 格式的编辑决策列表 EDL，此格式是一种广为接受且功能强大的 EDL 格式。

设置要从中导出 EDL 的 Premiere Pro 项目时，必须满足以下几个条件。

(1) EDL 最适用于视频轨道不超过 1 条、立体声音轨不超过两条且没有嵌套序列的项目，另外它也适用于大部分标准过渡、帧保留和素材速度的更改。

(2) 使用正确的时间码捕捉并记录所有源材料。

(3) 捕捉设备（如捕捉卡或 FireWire 端口）的设备控制必须采用时间码。

(4) 每个录像带必须具有唯一的卷号，并在拍摄视频之前将其设定为时间码格式。

> **要点提示** 标准 EDL 中支持合并的素材，EDL 对合并素材序列轨道项目的解释方式与其当前对一起用于同一时间位置的序列的单独音频和音频素材的解释方式相同，目标应用程序不会将素材显示为合并素材。音频和视频将显示为单独的素材，源时间码同时用于视频和音频部分。

13.6 导出 OMF

可以将整个 Premiere Pro 序列中的所有活动音轨导出到开放媒体格式 OMF 文件。可将 OMF 文件导入 DigiDesign Pro Tools 中使用，使 Premiere Pro 的声道更具吸引力。

> **要点提示** 除了 DigiDesign Pro Tools，其他平台还未正式支持由 Premiere Pro 导出的 OMF 文件，Premiere Pro 2020 不支持导入 OMF 文件。

1. 在【时间轴】面板中确定序列为选择状态。

2. 选择菜单命令【文件】/【导出】/【OMF】，打开【OMF 导出设置】对话框，如图 13-30 所示。

图13-30 【OMF 导出设置】对话框

3. 在该对话框的【OMF 字幕】文本框中输入 OMF 文件的标题。

4. 从【采样率】和【每采样位数】下拉列表中选择所需的序列设置。

5. 从【文件】下拉列表中选择以下选项之一。

- 【嵌入音频】：使用此设置，Premiere Pro 2020 会导出一个 OMF 文件，其中包含项目元数据和所选序列的所有音频，嵌入音频的 OMF 文件通常很大。

- 【分离音频】：使用此设置，Premiere Pro 2020 会将单个单声道 AIFF 文件导出到 "_omfiMediaFiles" 文件夹。文件夹名称包含 OMF 文件名。使用 AIFF

文件可确保最大程度地兼容旧音频系统。

6. 从【渲染】下拉列表中选择以下选项之一。

- 【复制完整音频文件】：使用此设置，无论使用素材几次及使用素材的几个部分，Premiere Pro 2020 都会导出序列中使用的每个素材的整个音频。
- 【修剪音频文件】：使用此设置，Premiere Pro 2020 只会导出序列中使用的每个素材部分，即素材实例。可以选择导出文件开头和结尾部分添加了超长过渡帧的所有素材实例。在【修剪音频文件】选项中指定过渡帧的长度（以视频帧为单位）。

7. 勾选【包括声像】选项时，此时间量会添加到所导出文件的开头和结尾，默认设置为 1 秒（以帧为单位并以序列帧速率计）。

13.7　导出 AAF 项目文件

高级创作格式（AAF）是一种多媒体文件格式，可用来在各平台、系统和应用程序之间交换数据媒体和元数据。支持 AAF 的创作应用程序（如 Avid Media Composer）会根据其对该格式的支持范围读取并写入 AAF 文件中的数据。确保要导出的项目符合通用 AAF 规范，并与 Avid Media Composer 产品兼容。要注意以下内容。

- 由 Premiere Pro 2020 导出的 AAF 文件可与 Avid Media Composer 系列的编辑产品兼容，这些 AAF 文件尚未使用其他 AAF 导入器进行测试。
- 过渡只应出现在两个素材之间，而不应出现在素材开头或结尾的附近。每个素材的长度必须至少与过渡一样。
- 如果某素材的入点和出点分别存在一个过渡，则该素材的长度必须至少与两个过渡合并之后的长度一样。
- 在 Premiere Pro 2020 中命名素材和序列时，避免使用特殊字符、重音字符或影响 XML 文件解析的字符，如 /、>、<、® 和 ü。

从 Premiere Pro 2020 导出并导入 Avid Media Composer 的 AAF 文件不会自动重新链接到源素材，要重新链接该素材，须选择 Avid Media Composer 中的【批量导入】选项。

> 要点提示　导出 AAF 文件时，不支持合并的素材。

13.8　小结

Premiere Pro 2020 可以根据作品的用途和发布媒介，将序列导出为各种需要的格式。本章主要介绍了如何导出各类影片文件、如何导出单帧和音频等。利用 Adobe Media Encoder 可以根据不同的导出终端导出不同格式的视频。

13.9　习题

一、简答题

1. 导出和队列的主要区别是什么？

2. 导出纯音频有哪两种方式？

3. 如何调整影片预览范围？

4. 影片生成设置时，如何调整分辨率大小？

5. 如何仅生成影片的音频部分？

二、 操作题

1. 从一段序列中导出静帧图片、序列图片。

2. 制作一段视频，导出为 Windows Media 文件。

3. 制作一段视频，导出到 DVD 或蓝光光盘。